21世纪高等学校嵌入式系统专业规划教材

符意德 编著

嵌入式系统原理
实践教程

清华大学出版社
北京

内 容 简 介

　　《嵌入式系统原理实践教程》是教材《嵌入式系统原理及接口技术(第 2 版)》的配套实验教程,是针对基于 ARM9 微处理器为核心的嵌入式系统实践教学用书。书中介绍了相关的开发环境及工具软件(如 ADS 1.2 开发套件)的使用。书中结合 S3C2440 芯片的特点,介绍了其多种 I/O 接口的驱动程序编写方法,并从具体的示例中归纳出了具有普遍指导意义的嵌入式系统开发方法,给出了一个基于 S3C2440 芯片的嵌入式系统整体设计示例。全书共分 10 章,分别是第 1 章嵌入式系统开发环境构建;第 2 章汇编指令基础实验;第 3 章 GPIO 的用途实验;第 4 章 RS-232 通信接口实验;第 5 章 RTC 部件实验;第 6 章 Timer 部件实验;第 7 章启动引导程序实验;第 8 章中断机制实验;第 9 章人机接口实验;第 10 章数字电子钟设计。

图书在版编目(CIP)数据

　　嵌入式系统原理实践教程/符意德编著.—北京:清华大学出版社,2016
　　21 世纪高等学校嵌入式系统专业规划教材
　　ISBN 978-7-302-42917-3

　　Ⅰ.①嵌…　Ⅱ.①符…　Ⅲ.①微型计算机-系统设计-高等学校-教材　Ⅳ.①TP360.21

　　中国版本图书馆 CIP 数据核字(2016)第 030891 号

责任编辑:付弘宇　李　晔
封面设计:常雪影
责任校对:梁　毅
责任印制:李红英

出版发行:清华大学出版社
　　　　　　网　　　址:http://www.tup.com.cn,http://www.wqbook.com
　　　　　　地　　　址:北京清华大学学研大厦 A 座　　　邮　　编:100084
　　　　　　社 总 机:010-62770175　　　　　　　　　　邮　　购:010-62786544
　　　　　　投稿与读者服务:010-62776969,c-service@tup.tsinghua.edu.cn
　　　　　　质 量 反 馈:010-62772015,zhiliang@tup.tsinghua.edu.cn
　　　　　　课 件 下 载:http://www.tup.com.cn,010-62795954
印 装 者:北京鑫海金澳胶印有限公司
经　　销:全国新华书店
开　　本:185mm×260mm　　**印　张:**10.75　　**字　数:**267 千字
版　　次:2016 年 4 月第 1 版　　　　　　　　　　　**印　次:**2016 年 4 月第 1 次印刷
印　　数:1~2000
定　　价:25.00 元

产品编号:052384-01

出 版 说 明

　　嵌入式计算机技术是 21 世纪计算机技术两个重要发展方向之一,其应用领域相当广泛,包括工业控制、消费电子、网络通信、科学研究、军事国防、医疗卫生、航空航天等方方面面。我们今天所熟悉的电子产品几乎都可以找到嵌入式系统的影子,它从各个方面影响着我们的生活。

　　技术的发展和生产力的提高,离不开人才的培养。目前国内外各高等院校、职业学校和培训机构都涉足了嵌入式技术人才的培养工作,高校及其软件学院和专业的培训机构更是嵌入式领域高端人才培养的前沿阵地。国家有关部门针对专业人才需求大增的现状,也着手开发"国家级"嵌入式技术培训项目。2006 年 6 月底,国家信息技术紧缺人才培养工程(NITE)在北京正式启动,首批设定的 10 个紧缺专业中,嵌入式系统设计与软件开发、软件测试等 IT 课程一同名列其中。嵌入式开发因其广泛的应用领域和巨大的人才缺口,其培训也被列入国家商务部门实施服务外包人才培训"千百十工程",并对符合条件的人才培训项目予以支持。

　　为了进一步提高国内嵌入式系统课程的教学水平和质量,培养适应社会经济发展需要的、兼具研究能力和工程能力的高质量专业技术人才。在教育部相关教学指导委员会专家的指导和建议下,清华大学出版社与国内多所重点大学共同对我国嵌入式系统软硬件开发人才培养的课程框架和知识体系,以及实践教学内容进行了深入的研究,并在该基础上形成了"嵌入式系统教学现状分析及核心课程体系研究"、"微型计算机原理与应用技术课程群的研究"、"嵌入式 Linux 课程群建设报告"等多项课程体系的研究报告。

　　本系列教材是在课程体系的研究基础上总结、完善而成,力求充分体现科学性、先进性、工程性,突出专业核心课程的教材,兼顾具有专业教学特点的相关基础课程教材,探索具有发展潜力的选修课程教材,满足高校多层次教学的需要。

　　本系列教材在规划过程中体现了如下一些基本组织原则和特点。

　　(1) 反映嵌入式系统学科的发展和专业教育的改革,适应社会对嵌入式人才的培养需求,教材内容坚持基本理论的扎实和清晰,反映基本理论和原理的综合应用,在其基础上强调工程实践环节,并及时反映教学体系的调整和教学内容的更新。

　　(2) 反映教学需要,促进教学发展。教材要适应多样化的教学需要,正确把握教学内容和课程体系的改革方向,在选择教材内容和编写体系时注意体现素质教育、创新能力与实践能力的培养,为学生知识、能力、素质协调发展创造条件。

（3）实施精品战略，突出重点。规划教材建设把重点放在专业核心（基础）课程的教材建设上；特别注意选择并安排一部分原来基础比较好的优秀教材或讲义修订再版，逐步形成精品教材；提倡并鼓励编写体现工程型和应用型的专业教学内容和课程体系改革成果的教材。

（4）支持一纲多本，合理配套。专业核心课和相关基础课的教材要配套，同一门课程可以有多本具有各自内容特点的教材。处理好教材统一性与多样化，基本教材与辅助教材、教学参考书，文字教材与软件教材的关系，实现教材系列资源的配套。

（5）依靠专家，择优落实。在制定教材规划时依靠各课程专家在调查研究本课程教材建设现状的基础上提出规划选题。在落实主编人选时，要引入竞争机制，通过申报、评审确定主编。书稿完成后认真实行审稿程序，确保出书质量。

繁荣教材出版事业，提高教材质量的关键是教师。建立一支高水平的、以老带新的教材编写队伍才能保证教材的编写质量，希望有志于教材建设的教师能够加入到我们的编写队伍中来。

21世纪高等学校嵌入式系统专业规划教材

联系人：魏江江　weijj@tup.tsinghua.edu.cn

前　言

嵌入式系统是计算平台的一种体现形式,被广泛地应用到了工业控制、信息家电、通信设备、医疗仪器、军事装备等众多领域。基于 32 位的 ARM 微处理器来开发的嵌入式系统,在国内有广泛的市场。要掌握基于 ARM 的嵌入式系统设计技术,除了要掌握必要的原理及理论知识外,还必须掌握相关的开发环境及工具,掌握底层程序编写技术。本实践教程是《嵌入式系统原理及接口技术(第 2 版)》的配套实验教程。重点介绍了以 S3C2440 芯片为核心的嵌入式系统的底层程序编写技术。

嵌入式系统涉及的知识点非常多,因此,对于初学者来说,如何结合自己的目标,找准学习嵌入式系统设计知识的切入点,是非常必要的。从狭义上说,学习嵌入式系统设计知识可以从两个不同的层面进行切入。第一层面,针对于将来只是应用嵌入式系统硬件、软件平台来进行二次开发的学生而言,应侧重学习基于某个嵌入式系统平台上(包括硬件平台和软件平台)进行应用系统设计和开发的能力,即主要是学习在某个嵌入式操作系统(如嵌入式 Linux)环境下的应用程序的编写、调试,学习其 API 函数的使用,学习 I/O 接口部件的驱动程序编写等。第二层面,针对于将来从事嵌入式系统平台设计,或者,需要结合应用环境设计专用硬件平台的学生而言,需重点学习嵌入式系统体系结构及接口设计原理。即主要学习某个具有代表性的嵌入式微处理器(如 ARM 系列)内部寄存器结构、汇编指令系统、中断(异常)管理机制及常用的外围接口,同时要学习无操作系统下的编程技术。在此基础上,还需要学习启动程序的编写和操作系统移植等方面的知识。

本书是从第二个层面的角度来组织编写的,希望培养学生能够具备从事嵌入式系统平台构建的基础能力。书中首先介绍了一些开发环境及工具软件,然后结合 S3C2440 芯片的结构特征,介绍了一些基本的 I/O 接口底层驱动程序编写示例,更进一步地介绍了启动引导程序、中断编程的示例,最后给出了一个完整的示例程序。

本书由符意德主笔,另外王丽芳参加了第 1 章的编写,年瑞参加了第 3 章的编写,葛二灵参加了第 6 章的编写,周昆参加了第 7 章的编写,钱俊参加了第 10 章的编写。在本书的编写过程中,参考了许多专家学者的成果,在此向他们表示感谢!

感谢本书责任编辑的支持！

感谢家人的关心和支持！

嵌入式系统目前正处于一个快速发展的阶段，新的技术和应用成果不断地涌现，囿于编者的水平，对于书中的疏漏和不足之处希望广大读者批评、指出。

编者

2015 年 11 月 6 日 于紫金山麓

目　　录

开发工具篇

基　础　篇

提 高 篇

综 合 篇

开发工具篇

北武工具篇

第1章 嵌入式系统开发环境构建

嵌入式系统的应用需求是多种多样的,针对不同应用层次的需求,嵌入式系统开发过程中所采用的开发环境及开发工具也会不同。本章实验所练习的开发环境构建,是针对从事最底层硬件驱动程序开发及无操作系统环境下的应用程序开发的需求而言的。通常针对这样的开发任务,需要构建一个宿主机-目标机架构的开发环境,以便在此环境中从事相关软件的开发调试工作。

1.1 宿主机-目标机开发架构

为了介绍清楚宿主机-目标机的开发架构,下面首先介绍 3 个名词。

1. 宿主机

它是指安装并运行嵌入式系统开发工具软件的通用个人计算机,如台式 PC、笔记本电脑等。通过它,嵌入式系统开发者可以完成目标机的软件编辑、编译、连接、调试、下载等工作。

2. 目标机

它是指嵌入式系统。通常嵌入式系统的硬件平台由设计者制作完成后,其硬件平台上是无任何软件程序运行的,这样的目标机被称为裸机。由于嵌入式系统的资源有限,因此,需要借助宿主机来完成其程序代码的开发工作。

3. 通信信道

它是指宿主机与目标机之间的信息通道。宿主机与目标机通过通信信道连接在一起,完成程序代码的下载,以及调试过程中的调试信息传输。通信信道主要有 3 种形式:JTAG、串行通信、以太网通信。下面分别介绍基于这 3 种通信信道的调试架构。

1.1.1 基于 JTAG 信道的调试架构

JTAG 是 Joint Test Action Group 的缩写,是一种用于测试芯片内部及其外围接口电路的测试协议。目前,嵌入式系统中所使用的微处理器芯片,大多支持 JTAG 协议,如 ARM 系列的微处理器、DSP 等。一种典型的基于 JTAG 的调试架构如图 1-1 所示。

图 1-1　基于 JTAG 的调试架构

　　如图 1-2 所示,JTAG 调试适配器又称为 JTAG 仿真器,是一种专用于调试嵌入式系统底层软件的设备。它一端通过 USB 接口(或者并行接口)与宿主机连接,另一端通过 JTAG 接口与目标机连接,从而构成了程序代码调试、下载的通道。此时,需要宿主机上安装并运行相配套的调试工具软件和下载工具软件。

图 1-2　JTAG 仿真器

　　JTAG 协议中所定义的接口信号线主要有 4 根,分别是 TMS(模式选择信号线)、TCK(时钟信号线)、TDI(数据输入信号线)、TDO(数据输出信号线)。但实际的目标机上,其 JTAG 接口通常采用 20 针或 10 针的,接口中除了有上述 4 根信号线外,还有一些辅助信号线,如 nTRST(复位信号线)、电源线、地线等。

　　当目标机是裸机的情况下,需要采用基于 JTAG 信道的调试架构来进行程序代码的调试,换句话说,若目标机中没有支持串口通信、以太网通信等程序代码时,所有程序代码的调试及下载工作均需要通过 JTAG 接口来进行。

1.1.2　基于串口信道的调试架构

　　所谓的基于串口信道的调试架构,是指目标机与宿主机之间通过 RS-232 接口连接在一起,通过串行通信工具来下载程序代码,并观察调试中程序运行状态的调试环境。要构建这样的调试架构,目标机中必须已经运行有支持串口通信以及相关命令的程序,不能是裸机。初学者在嵌入式系统实验平台上(或开发板上)进行程序开发时,通常会采用这种调试架构,因为,嵌入式系统实验平台上(或开发板上)已经运行有支持串口通信以及相关命令的程序,而不是裸机。

　　一个基于串口信道的调试架构如图 1-3 所示。宿主机上运行的调试工具软件通常是其系统中所附带的"超级终端"工具。在使用它进行下载和观察调试信息之前,需要对宿主机中的超级终端的一些参数进行配置,使其在通信速率、数据格式等方面符合目标机的规定。

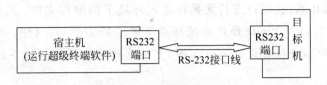

图 1-3　基于串口的调试架构

需要指出的是,超级终端工具并不能进行程序代码的编辑、编译、连接等工作,这些工作必须借助于其他工具软件,如 ADS 1.2、RVDS 等。超级终端仅完成下载程序代码到目标机上,并观察程序运行结果。但在观察程序运行结果时,不能采用设置断点、单步调试等手段,而是需要程序设计者在自己编写的代码中插入一些发送参数的代码,这样,在超级终端的窗口中才能观察到程序的运行状态。

1.1.3　基于以太网信道的调试架构

所谓的基于以太网信道的调试架构,是指目标机与宿主机之间通过以太网接口连接在一起,通过 FTP 等工具来下载程序代码的环境。一个基于以太网信道的调试架构如图 1-4 所示。

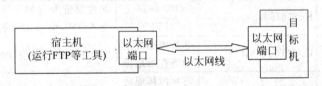

图 1-4　基于以太网的调试架构

采用基于以太网信道的调试架构,其目的主要是来提高程序代码的下载速度。因为,JTAG 信道的下载速度很慢,通过 JTAG 信道下载一个十几千字节的程序代码,需要花费十几分钟的时间;串行接口信道的下载速度也不快,其下载时的传输速率最快是 115 200bps,对于大容量的程序代码下载,如 Linux 内核镜像,也会花费较多时间。因此,通常需要下载大容量程序代码时,要借助于以太网信道。

值得指出的是,基于以太网信道的调试架构通常只是用于下载大容量的程序代码或文件,程序的编辑、编译、连接、调试还是需要借助于其他工具软件。

1.2　实验平台(目标机)介绍

本实验教程所针对的实验目标机,其硬件平台所使用的微处理器芯片是 S3C2440 芯片,该芯片中集成了大量的功能部件,如中断控制器、UART 部件、RTC 定时器、LCD 控制器等。在此基础上,实验目标机硬件平台中还扩展了一些外部功能芯片,以便于完成一些接口功能的相关实验。实验目标机并不是裸机,其上运行有 bootloader(启动引导程

序)以及 Linux 操作系统,可以支持无操作系统环境下的编程实验、μC/OS-Ⅱ 操作系统
环境下的编程实验以及 Linux 操作系统环境下的编程实验等。(注:也可以运行其他
的操作系统,如 Windows CE、VxWorks 等,支持这些操作系统环境下的应用程序编程
实验。)

1.2.1　硬件环境

实验目标机的硬件组成及地址分配如表 1-1 所示。

表 1-1　实验目标机的硬件组成

序号	硬件名称	芯片型号或部件	硬件地址	功 能 说 明
1	微处理器 (CPU)	S3C2440		通过其引脚 OM1、OM0 可配置系统的启动方式 OM[1:0]=00 从 Nand Flash 启动 OM[1:0]=01 从 Nor Flash 启动(16 位)
2	Nor Flash	S29AL016		容量为 2MB
3	Nand Flash	K9F2G08		容量为(256M+8M)×8 位,由 S3C2440 芯片内部 Nand Flash 控制器直接控制
4	SDRAM	K4S561632	0x30000000~ 0x33FFFFFF	每片容量为 16M×16b,共 2 片,总容量为 64MB,由 nGCS6 控制
5	RS232	UART0、UART1	芯片内部规定的寄存器地址	2 个异步串行通信(RS232 标准)接口
6	RS485	UART2	芯片内部规定的寄存器地址	1 个异步串行通信(RS485 标准)接口
7	LED 灯	GPC5/6/7		3 个 LED 灯,可以用作状态指示
8	LED 数码管		08000100	7 段数码管,可以显示数字字符
9	LCD 显示屏	芯片内部 LCD 控制器		
10	直流电机			
11	IIC 存储器			
12	小键盘	IIC 总线控制		
13	音频	GPG8,9,0		IIS 总线功能
14	触摸屏	GPG12,13、14、15		占用 A/D 引脚:AIN5、AIN7
15	网卡 1			

1.2.2　软件环境

本实验教程所针对的实验目标机不是裸机,其上已经移植好启动引导程序及 Linux
操作系统。但该实验目标机也支持无操作系统环境下的程序开发,以及支持 μC/OS-Ⅱ
操作系统环境下的程序开发。在不同的软件环境下进行程序开发时,通常所使用的开发
工具是不同的。本实验教程目的是使学生熟悉并掌握嵌入式系统的底层软件开发,即掌

握系统启动引导程序开发、硬件接口驱动程序开发的相关技术,因此,开发的软件工具采用 ADS 1.2。

另外,本实验教程给出了许多实验示例程序,详见后续章节中的示例程序以及附录。

1.3　ADS 1.2 的使用

ADS 是 ARM Development Suite 英文的缩写,是 ARM 公司推出的,针对以 ARM 系列微处理器为核心的嵌入式系统开发工具套件。它包含 C 编译器、调试器、应用库函数、软件模拟仿真器等。

下面以 ADS 1.2 为背景来介绍该开发工具软件的使用。

1.3.1　ADS 1.2 的集成开发环境

利用 ADS 1.2 工具软件开发时,设计者首先需要用集成开发工具(IDE)来完成软件代码的编辑、编译、连接等工作,并按照工程项目方式来管理源代码文件及相关的其他文件。ADS 1.2 中集成的开发工具有 CodeWarrior IDE、AXD 等,下面以 CodeWarrior IDE 为背景来介绍 ADS 1.2 的集成开发环境。

图 1-5 是 CodeWarrior IDE 打开一个工程项目后的主窗口。该窗口中除了有功能菜单、各功能快捷图标、选择生成目标的组合框外,主要包括 3 个选项卡:Files 选项卡、Link Order 选项卡和 Targets 选项卡。

1. Files 选项卡

如图 1-5 所示,Files 选项卡中包含了该工程项目中所包含的文件。这些文件可以根据一定的逻辑关系进行分组,如 scr 组、init 组、int 组、startup 组、uhal 组等。对于不包含在当前生成目标中的文件,在 Files 选项卡中也列举出来了。例如,在图 1-5 中,文件 readme. txt、scat_ram. scf、scat_rom. scf 等并不包含在生成目标中,但为了便于编辑这些文件,也可以把它们添加到工程项目中。同时,Files 选项卡中还显示了基于某个生成目标的工程项目中各文件的一些相关信息,如在图 1-5 中,对于生成目标 Debug 来说,各文件的相关信息分为 6 栏,由左到右依次为:

1) Touch 栏

该栏用于显示对应的文件是否将会被汇编、编译或者引入(对于目标文件和库文件而言)。如果某文件其该栏对应的符号为"√",说明对应的文件在下一次执行 Bring Up to Date、Make、Run 或 Debug 命令时将会被汇编、编译或者引入。否则表示对应的文件不会被汇编、编译或者引入。在图 1-5 中,文件 cpu. c、main. c、retarget. c、stack. s、Startup. s 等将被汇编或者编译。文件 scat_ram. scf、scat_rom. scf、readme. txt 等不会被

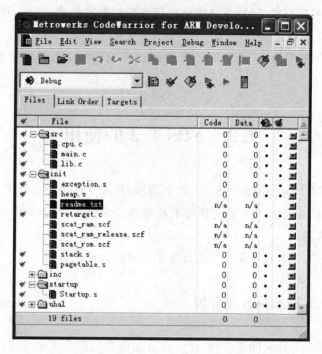

图 1-5　工程项目窗口

汇编或者编译或者引入。可以通过单击某行中该栏位置来设置/取消符号"√"。

2）File 栏

该栏目是按照层次结构来显示工程项目中的所有文件以及组。对本栏目中的某个文件名称进行双击，将会打开该文件而进入文本编辑环境。右击某个文件名称，可以弹出一个与该文件相关的命令菜单，从而可以选择执行特定的命令。

3）Code 栏

该栏目显示 File 栏中的文件编译后的可执行目标文件大小，单位为字节或千字节。对于组来说，显示的是该组中所有文件对应的目标文件的总大小。若某个文件的 Code 栏对应为 0，则表示该文件还没有被编译或者汇编；如果文件的 Code 栏为 n/a，则表示该文件不包含在当前生成目标中。由于连接器在连接时可能会对没有被使用的段进行删除，所以这里显示的文件大小与包含在最终的映像文件中的文件大小可能并不相同。

4）Data 栏

该栏目显示 File 栏中的某个文件生成的可执行目标文件中数据大小，单位为字节、千字节（KB）或者兆字节（MB）。这里所说的数据包括 ZI 段的数据，但不包括该文件所使用的数据栈。如果某个文件的 Data 栏为 0，则表示该文件还没有被编译或者汇编，或者是该文件对应的目标文件中不包含数据段；如果文件的 Data 栏为 n/a，则表示该文件不包含在当前生成目标中。由于连接器在连接时可能删除没有被使用的段，所以这里显示的数据大小与包含在最终的映像文件中的数据大小可能并不相同。

5）Target 栏

该栏目显示 File 栏中的某个文件是否包含在当前生成目标中。如果该栏为符号"·"，表示对应的文件或者组被包含在当前生成目标中；否则表示对应的文件或者组不包含在当前生成目标中。在图 1-5 中，文件 cpu. c、main. c、retarget. c、stack. s、Startup. s 等被包含在生成目标中；文件 scat_ram. scf、scat_rom. scf、readme. txt 等未包含在生成目标中。

6）Debug 栏

对于某个生成目标来说，如果编译器/汇编器没有被配置成对所有文件生成调试信息，则可以使用本栏目为某个文件指定是否生成调试信息。如果该栏为符号"·"，标识编译器/汇编器将为对应的文件或者组生成调试信息；否则表示编译器/汇编器将不为对应的文件或者组生成调试信息。其右边的弹出菜单可以列举和打开工程项目中的某个文件。

2．Link Order 选项卡

Link Order 选项卡如图 1-6 所示，其中包含了在当前生成目标中的所有输入文件。这一点与 Files 选项卡不同，Files 选项卡包含了当前工程项目中的所有输入文件，而不仅是包含在当前生成目标中的文件。Link Order 选项卡主要用来控制各输入文件在链接时的顺序。默认情况下，Link Order 选项卡中各输入文件的排列顺序与 Files 选项卡中各文件的排列顺序是相同的。也就是说，在默认情况下，各输入文件按照在 Files 视图中的顺序进行连接。用户也可以修改 Link Order 选项卡中各输入文件的排列顺序，CodeWarrior 将按照这个顺序来编译/汇编输入文件，生成的各目标文件也是按照这种顺序安排在最终生成的映像文件中。

图 1-6　Link Order 选项卡

通常并不推荐使用这种方式来控制输入文件的连接顺序。当地址映射关系比较简单时,推荐使用编译、连接选项控制输入文件的连接顺序;当地址映射关系比较复杂时,推荐使用 scatter 格式的文件控制输入文件的连接顺序。

Link Order 选项卡中的栏目大致相同。主要区别在于,Link Order 选项卡中只列举了那些包含在当前生成目标中的文件,因而它没有 Targets 栏目。

3. Targets 选项卡

Targets 选项卡如图 1-7 所示。Targets 选项卡中列举了一个工程项目中的生成目标以及它们之间的相互依存关系。在图 1-7 的 Targets 选项卡中包含了下面两个生成目标。

- Release。
- Debug。

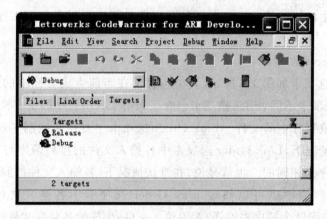

图 1-7　Targets 视图

1.3.2　工程项目建立

下面讨论新建一个工程项目的步骤:

(1) 选择 File→New 命令,打开如图 1-8 所示的对话框。此对话框中有 3 个选项卡,即 Project 选项卡、File 选项卡、Object 选项卡。

(2) 在 New 对话框中选中 Project 选项卡(见图 1-8)。此时 New 对话框中会出现以下这些可供选择的工程项目模板:

- ARM Executable Image——用于由 ARM 指令的代码生成一个可执行的 ELF 格式的映像文件。
- ARM Object Library——用于由 ARM 指令的代码生成一个 armar 格式的目标文件库。
- Empty Project——用于生成一个不包含任何源文件和库文件的空的工程项目。
- Makefile Importer Wizard——用于将一个 Visual C 的 make 文件转换成 CodeWarrior 的工程项目文件。

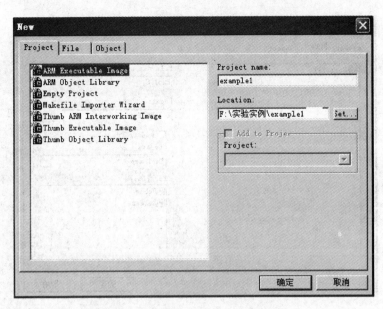

图 1-8　New 对话框中的 Project 选项卡

- Thumb ARM Interworking Image——用于由 ARM 指令和 Thumb 指令的混合代码生成一个可执行的 ELF 格式的映像文件。
- Thumb Executable Image——用于由 Thumb 指令的代码生成一个可执行的 ELF 格式的映像文件。
- Thumb Object Library——用于由 Thumb 指令的代码生成一个 armar 格式的目标文件库。

在图 1-8 中,我们选择了 ARM Executable Image 选项,用于由 ARM 指令的代码生成一个可执行的 ELF 格式的映像文件。

(3) 在 Project name 对应的文本框中输入将要建立的工程项目的名称,这里为 example1。

(4) 在 Location 对应的文本框中输入将要建立的工程项目的路径,这里为“F:\实验实例\ example1”。若不输入,则有一个默认的工程项目的路径。

(5) 当所有上述工作完成后,单击“确定”按钮,CodeWarrior IDE 根据选择的工程项目模板生成一个新的工程项目。

建立好一个新工程项目后,可按下面步骤来建立该工程下的新源文件:

(1) 选择 File 菜单下的 New 子菜单,打开 New 对话框后,选中 File 选项卡,如图 1-9 所示。

(2) 这时在 New 对话框 File 选项卡中显示了可用的文件类型。选择 Text File 选项生成一个文本文件。

(3) 在 File Name 文本框中输入建立的文件的名称,这里为 Exp1.c。

(4) 在 Location 文本框中输入将要建立的文件的路径,这里为 c:\ARM\Exp1。这

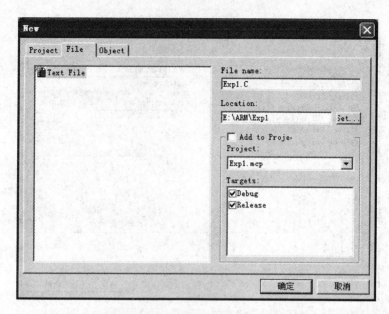

图 1-9　New 对话框中的 File 选项卡

时,也可以单击 Set 按钮,从弹出的标准文件对话框 Open 中选择将要建立的文件的路径。

(5) 如果想将新建立的文件加入到当前工程项目中,选中 Add to Project 复选框。这时可以选择下面的内容。

- 在 Project 下拉列表框中选择想要加入的工程项目的名称,这里选择 Exp1. mcp 选项。
- 在 Target 列表框中选择新建立的文件加入的生成目标,这里两个生成目标中都包含这个新建立的文件。

(6) 单击"确定"按钮,CodeWarrior IDE 生成一个新的文件。如果选中 Add to Project 复选框,所产生的文件将被加入到相应的工程项目中。

(7) 输入源代码。

(8) 保存该文件,保存的方式有多种,主要有:

- 保存当前编辑的文件。使包含目标文件的编辑窗口为当前活动窗口,选择 File→ Save 命令,CodeWarrior IDE 将保存该源文件。
- 保存所有打开的文件。选择 File→Save all 命令,CodeWarrior IDE 将保存该源文件。
- 改变当前文件的名称。使包含目标文件的编辑窗口为当前活动窗口,选择 File→ Save As 命令,CodeWarrior IDE 将弹出标准 Save As 对话框,用户可以输入新的文件名称,然后单击"保存"按钮。这时当前编辑窗中文件名称改为新的文件名称,如果该文件包含在当前工程项目中,则 CodeWarrior IDE 自动将该文件名称改为新的文件名。

（9）关闭该文件　在 CodeWarrior IDE 中，每个编辑窗口与一个文件对应。当关闭该编辑窗口时，就关闭了对应的文件。可以选择 File→Close 命令，关闭当前编辑窗口中的文件；也可以直接关闭编辑窗口。

一个已经存在的文件，通过添加的方法可以将其加入到当前工程项目中。这些被加入到工程项目中的文件必须满足下面两个条件：

（1）该文件的扩展名必须是文件映射表中所定义的。

（2）对于生成目标的输入文件，如 C/C++ 源程序和汇编源程序等，在工程项目中不能重名。而对于头文件，在一个工程项目中则可以存在同名的文件，CodeWarrior IDE 搜索相关的路径，取得第一个文件。

将一个文件加入到工程项目中通常有下面 3 种方法。

第一种方法使用 Project 菜单中的命令，具体操作步骤如下：

（1）在菜单栏中选择 Project→Add Files 命令，将会弹出如图 1-10 所示的对话框。

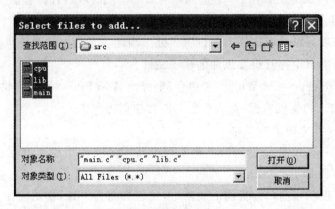

图 1-10　标准添加文件

（2）从对象类型对应的下拉列表框中选择希望显示的文件类型，这里选择 All Files 选项。

（3）跳转到目标路径，选择需要的文件。这里选择 cpu、lib、main 文件。

（4）单击"打开"按钮，将步骤（3）中选择的文件添加到工程项目中。如果工程项目中存在多个生成目标，则 CodeWarrior IDE 将弹出 Add Files 对话框，如图 1-11 所示，用户选择希望将文件加入的生成目标。在图 1-11 中将各文件加入到两个生成目标中，然后单击 OK 按钮即可。

第二种方法使用拖放技术，具体操作步骤如下：

（1）选择想要添加到工程项目中的文件或者文件夹。

（2）将选中的文件或者文件夹拖到目标工程项目窗口中。

（3）选择这些文件或者文件夹在工程项目窗口中放置的位置。

（4）释放鼠标，将选中的文件或者文件夹加入到工程项目中的相应位置。

第三种方法使用 Add Windows 菜单命令将当前编辑窗口中的文件添加到默认的工

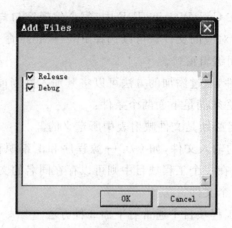

图 1-11　Add Files 对话框

程项目中。所谓默认的工程项目,是指同时打开多个工程项目时,设置为当前操作对象的那个工程项目。这种方法的具体操作步骤如下:

(1) 在工程项目窗口中选择当前位置。处于当前位置的文件是反色显示的。

(2) 在编辑窗口中打开想要添加的输入文件。

(3) 选择 Project→Add Windows 命令,则弹出 Add Files 对话框,如图 1-11 所示,选择希望将文件加入的生成目标,然后单击 OK 按钮即可。

1. 将工程项目中的文件分组

将工程项目中的文件分组是为了使工程项目中的文件组织更富层次性。建立一个组的具体操作步骤如下:

(1) 确保工程项目窗口是当前活动窗口,并且当前为 Files 视图。

(2) 选择当前位置,CodeWarrior IDE 将把新建的组放置到当前位置的下面。如果没有选择当前位置,CodeWarrior IDE 将把新建的组放置到工程项目窗口的最上面。

(3) 选择 Project→Create New Group 命令,CodeWarrior IDE 将弹出 Create Group 对话框,如图 1-12 所示。

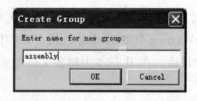

图 1-12　Create Group 对话框

(4) 输入组名称,单击 OK 按钮,CodeWarrior IDE 将生成新的组。

若一个已经存在的组,需要更名,那么,其更名的操作步骤如下:

(1) 在工程项目窗口中双击想要更名的组,CodeWarrior IDE 将弹出 Rename Group 对话框,如图 1-13 所示。

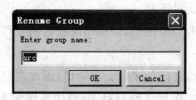

图 1-13　Rename Group 对话框

（2）在 Rename Group 对话框中输入新的组名称，这里输入 assembly language source，然后单击 OK 按钮即可。

在工程项目窗口中使用拖放技术可以将文件加入到相应的组中的指定位置，也可以从组中将文件移出。

使用上面介绍的方法，可以将该工程项目中的文件进行分组。图 1-14 是一个工程项目文件分组的例子。

图 1-14　工程项目文件分组的例子

2．删除文件或者组

可以在工程项目窗口中的 File 选项卡或 Link Order 选项卡中删除文件。当从 File 选项卡删除文件时，这些文件将被从所有的生成目标中被删除；当从 Link Order 选项卡删除某些文件时，这些文件将被从当前的生成目标中被删除。具体的操作步骤如下：

（1）在工程项目窗口中选择 File 选项卡或者 Link Order 选项卡。

（2）选择需要删除的文件或者组。

（3）按 Delete 键，或者右击被选的文件（组），从弹出的菜单中选择"删除"命令。

CodeWarrior IDE 将弹出确认对话框。

(4) 在确认对话框中单击 OK 按钮,即可删除被选的文件或者组。

3. 关闭工程项目

CodeWarrior IDE 支持同时打开多个工程项目,因此在打开一个新的工程项目时,可以不关闭当前工程项目。若需关闭工程项目,其操作步骤如下:

(1) 确保想要关闭的工程项目的窗口为当前的活动窗口。

(2) 选择 File 菜单中的 Close 子菜单,或者直接关闭工程项目窗口都可以关闭该工程项目。

1.3.3　ADS 1.2 的配置

对于一个工程项目来说,可以建立多个生成目标。不同的生成目标其生成选项可以互不相同,这些选项包括编译器选项、汇编器选项和连接器选项等,它们决定了 CodeWarrior IDE 如何处理本工程项目,以生成特定的输出文件。本节介绍几个主要的生成选项配置。

1.3.3.1　Debug Settings 对话框

在如图 1-14 所示的界面中,单击 Targets 选项卡,并双击 Debug 选项进入 Debug Settings 对话框,来设置一个工程项目中该生成目标的选项。在 Debug Settings 窗口中设置的各生成选项只适用于当前的生成目标。即如果当前生成目标为 Debug 时,通过 Debug Settings 对话框设置的各种生成选项对于其他两个生成目标 DebugRel 及 Release 来说是无效的。

打开 Debug Settings 对话框的操作步骤如下:

(1) 打开一个工程项目。

(2) 在工程项目窗口中打开生成目标选择下拉列表框,选择一个生成目标。

(3) 通过下面的操作弹出 Debug Settings 对话框,如图 1-15 所示。

• 在工程项目窗口中单击 Target Settings 按钮。

• 选择 Edit→Debug Settings 命令。

(4) 在 Target Settings Panels 对话框中包括下面 6 个面板,用户可以选择某个面板设置相关的生成选项。这些选项作用于工程项目中当前生成目标。

• 生成目标基本选项设置(Target Settings)面板:用于设置当前生成目标的一些基本信息,包括生成目标的名称、所使用的连接器等。其中所使用的连接器决定了 Target Settings 窗口中的其他内容,需要首先设置。

• 编程语言选项设置(Language Settings)面板:用于设置 ADS 中各语言处理工具的选项,包括汇编器的选项和编译器的选项,这些选项对于工程项目中的所有的源文件都会使用,不能单独设置某一个源文件的编译选项和汇编选项。

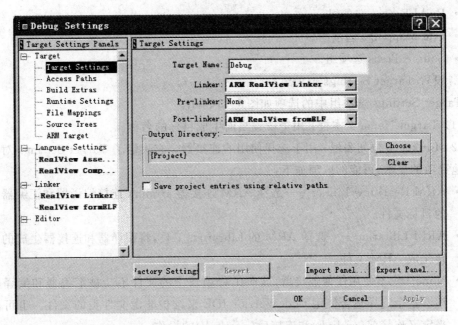

图 1-15　Debug Settings 对话框

- 连接器选项设置(Linker)面板：用于设置与连接器相关的选项以及与 fromELF 工具相关的选项。
- 编辑器选项设置(Editor)面板：用于设置用户个性化的关键词显示方式。
- 调试器选项设置(Debugger)面板：用于设置系统中选用的调试器以及相关的配置选项。
- 其他选项设置(Miscellaneous Settings)面板：用于设置一些杂类的选项。

(5) 设置需要的选项。

(6) 用户还可以使用 Target Settings 窗口中的下列按钮：

- Factor Settings 按钮——使用 CodeWarrior IDE 中的默认选项设置当前面板中的选项，其他面板中的选项值不受影响。
- Revert Panel 按钮——将当前面板中的选项值设置成修改以前的值，用于放弃当前对选项设置的修改。
- Save 按钮——保存所有的选项设置。

(7) 保存或者放弃所做的设置。当用户关闭 Target Settings 对话框时，CodeWarrior IDE 弹出一个确认对话框，请用户确认是否要保存对选项设置的修改。

1.3.3.2　设置生成目标的基本选项

生成目标的基本选项用于设置当前生成目标的一些基本信息，包括生成目标的名称、所使用的连接器等。它包含以下几组选项。后面将分别介绍其含义与设置方法。

- Target Settings 选项组。
- Access Path 选项组。

- Build Extras 选项组。
- File Mappings 选项组。
- Source Trees 选项组。

1. 设置 Target Settings 选项组

Target Settings 选项组中的选项如图 1-15 所示。

(1) Target Name 文本框：用于设置当前生成目标的名称。

(2) Linker 下拉列表框：用于选择使用的连接器。它决定了 Target Settings 对话框中其他选项的显示，可能的取值如下：

- ARM RealView Linker——选择 ARM 连接器 armlink 连接编译器和汇编器生成的目标文件。
- ARM Librarian——选择 ARM 的 Librarian 工具，将编译器和连接器生成的文件转化成 ARM 文件。
- None——不使用任何连接器，这时工程项目中的文件不会被汇编器和编译器处理。这个选项适合使用 CodeWarrior IDE 来维护非源文件类的文件。也可以用来定义连接前(prelink)和连接后(postlink)的操作。

(3) Pre- Linker CodeWarrior IDE for ARM：当前没有使用本选项。

(4) Post- Linker：用于选择对连接器输出的文件的处理方式，可能的取值如下：

- None——不进行连接后的处理。
- ARM RealView fromELF——使用 ARM 工具 fromELF 处理连接器输出的 ELF 格式的文件：它可以将 ELF 格式的文件转换成各种二进制文件格式。
- FTP Post- Linkerfor CodeWarrior IDE for ARM——当前没有使用本选项值。
- Bath File Runner——在连接完成后运行一个 DOS 格式的批处理文件。

(5) Output Directory：用于定义本工程项目的数据目录。工程项目的生成文件存放在该目录中。默认的取值为{Project}，用户可以单击 Choose 按钮修改该数据目录。

(6) 单击 Save 按钮保存本组选项的设置。

2. 设置 Access Paths 选项组

Access Paths 选项组中的选项如图 1-16 所示。

其中各选项含义及设置方法如下所示。

(1) User Paths　单选按钮用于指定用户路径，其默认值为{Project}，它是当前工程项目所在的路径。RVDS 中的各种工具在用户路径中搜索以下内容：

- 用户头文件——这些文件是使用 include""的格式来引用的文件。
- 用户库文件——也就是用户头文件对应的库文件。
- 用户的源文件——当用户将某个目录中的源文件添加到工程项目中时，该目录将自动被 CodeWarrior IDE 添加到 User Paths 中。

(2) System Paths　单选按钮用于指定系统路径，其默认值为{compiler}lib 及{compiler} include，其中{compile}默认为 c:\program files\arm\adsv1_1。ADS 中的各种

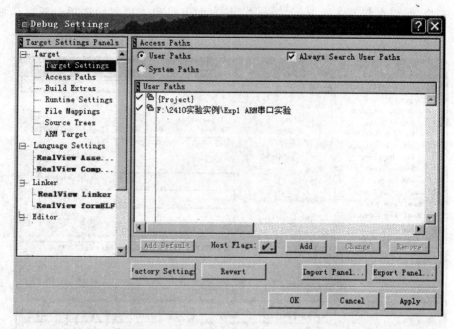

图 1-16 Access Paths 选项组中的选项

工具在系统路径中搜索以下内容：
- C++系统头文件，这些文件是使用 include<> 的格式来使用的文件。
- 系统头文件对应的系统库文件。

（3）Always Search User Paths　复选框用于指定搜索系统头文件的路径。

（4）User Paths　列表框中显示了用户路径/系统路径，其中包含了 3 栏，各栏含义如下所示：

- 第 1 栏为搜索栏，当该栏有一个符号"A"时，本行对应的第 3 栏路径将会被搜索；当该栏为空时，本行对应的第 3 栏路径将不会被搜索。可以通过鼠标单击该位置，在两种模式之间进行切换。
- 第 2 栏为递归搜索栏，当该栏有一个文件夹符号时，本行对应的第 3 栏中的路径及其子路径将会被搜索；当该栏为空时，只搜索本行对应的第 3 栏中的路径，而不搜索其子路径。可以通过鼠标单击该位置，在两种模式之间进行切换。

本选项卡中的其他一些功能按钮的用法如下所示。

（5）Add Default　用于将默认的路径添加到路径列表中。这主要用于在用户意外删除了默认路径的情况下，重新添加默认的路径。

（6）Add　用于向路径列表中添加路径。

（7）Change　用于修改路径列表中路径。

（8）Remove　用于删除路径列表中路径。

1.3.3.3　连接器的选项设置

打开 Debug Settings 对话框，在左边的 Target Settings Panels 列表框中，选中

Linker 选择项,再在其下选择 RealView Linker,即可得到连接器的选项设置对话框,如图 1-17 所示。

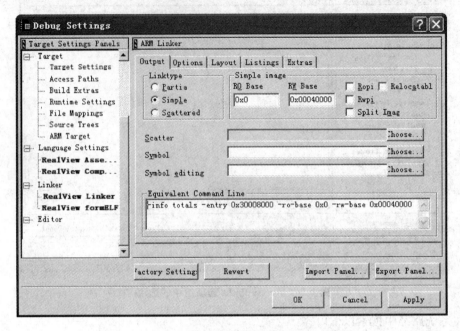

图 1-17　连接器的选项设置

在连接器的操作界面中包括 5 个选项卡,分别是 Output、Options、Layout、Listings 和 Extras 选项卡。

在每个选项卡中,Equivalent Command Line 文本框中列出了当前连接器选项设置的命令格式。

1. Output 选项卡

Output 选项卡如图 1-17 所示,它用来控制连接器进行连接操作的类型。ARM 连接器可以有 3 种类型的连接操作。不同的连接操作,需要设置的连接器选项有所不同。其中,Linetype 选项组中的单选按钮确定使用哪种连接方式。下面介绍 ARM 连接器的这 3 种连接方式。

(1) Partial:选择该单选按钮时,连接器执行部分连接操作。部分连接生成 ELF 格式的目标文件。这些目标文件可以作为进一步连接时的输入文件,也可以作为 armar 工具的输入文件。

(2) Simple:选择该单选按钮时,连接器根据连接器选项中指定的地址映射方式,生成简单的 ELF 格式的映像文件。这时,所生成的映像文件中地址映射关系比较简单,如果映射关系比较复杂时需要使用下面 scatter 格式的连接方式。

(3) Scattered:选择该单选按钮时,连接器根据 scatter 格式的文件中指定的地址映射方式,生成地址映射关系比较复杂的 ELF 格式的映像文件。

下面主要介绍在 Simple 连接类型和 Scattered 连接类型中需要设置的连接器选项。

对于其他的连接类型及其选项没有介绍。

当选择 Simple 连接类型时,需要设置下列的连接器选项,如图 1-14 所示。

(1) RO Base 文本框:用于设置映像文件中 RO 属性输出段的加载时地址和运行时地址。地址值必须是字对齐的。如果没有指定地址值,则使用默认的地址值 0x8000。

(2) RW Base 文本框:映像文件中包含 RW 属性和 ZI 属性的输出段的运行时域起始地址。地址值必须是字对齐的。如果本选项与-split 选项一起使用,本选项将映像文件中 RW 属性和 ZI 属性输出段的加载时地址和运行时地址都设置成文本框中的值。

对于简单的连接方式,当没有选中 RW Base 复选框选项时,映像文件中包含一个加载时域和一个运行时域。这时,RO 属性的输出段、RW 属性的输出段以及 ZI 属性的输出段都包含在同一个域中。当设置 RW Base 选项时,映像文件中包含两个运行时域,一个包含 RO 属性的输出段,另一个包含 RW 属性的输出段以及 ZI 属性的输出段。但指定了-split 选项时,映像文件包括两个加载时域:一个包含 RO 属性的输出段,另一个包含 RW 属性的输出段和 ZI 属性的输出段。

(3) Ropi:若选中该复选框,则映像文件中 RO 属性的加载时域和运行时域是位置无关(PI Position Independent)的。如果没有选中该复选框,则相应的域被标识为绝对的。在选中该复选框的情况下,ARM 连接器将保证下面的操作:

- 检查各段之间的重定位关系,保证它是合法的。
- 保证 ARM 连接器自身生成的代码(veneers)是只读位置无关的。

通常情况下,只读属性的输入段应该是只读位置无关的。

在 ARM 开发系统中,只有在 ARM 连接器处理完所有的输入段后,才能够知道生成的映像文件是否是只读位置无关的。也就是说,即使在编译器和汇编器中指定了只读位置无关选项,ARM 连接器还是可能产生只读位置无关的信息。

(4) Rwpi:若选中该复选框,则映像文件中包含 RW 属性和 ZI 属性输出段的加载时域和运行时域是位置无关的。如果没有选中该复选框,则相应的域被标识为绝对的。在选中该复选框的情况下,ARM 连接器将保证下面的操作:

- 检查并确保各 RW 属性的运行时域包含的各输入段设定了 PI 属性。
- 检查各段之间的重定位关系,保证其是合法的。
- 在 Region $ $ Table 和 ZISection $ $ Table 中添加基于静态寄存器 sb 的选项。

通常可写属性的输入段应该是读写位置无关的。

在 ARM 开发系统中,编译器并不能强迫可写数据为读写位置无关的。也就是说,即使在编译器和汇编器中指定了位置无关选项,ARM 连接器还是可能产生读写位置无关的信息。

(5) Split:选中该复选框将包含 RW 属性和 RO 属性输出段的加载时域(load region)分割成两个加载时域。其中:

- 一个加载时域包含所有的 RO 属性的输出段。其默认的加载时地址为 0x8000,可以使用连接选项-ro-base address 来更改其加载时地址。

- 另一个加载时域包含所有的 RW 属性的输出段。该加载时域需要使用连接选项-rw-base address 来指定其加载时地址,如果没有使用选项-ro-base address 来指定其加载时地址,则默认使用-ro-base 0。

(6) Symbol 文本框和 Symbol editing 文本框的作用与选择 Partial 连接类型时相同。
当选择 Scattered 连接类型时需要设置下列的连接器选项,如图 1-18 所示。

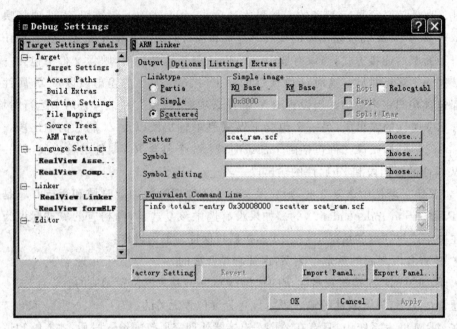

图 1-18　使用 Scattered 连接类型时连接器选项

(7) Scatter 文本框:用于指定 ARM 连接器使用的 scatter 格式的配置文件的名称。
该配置文件是一个文本文件,用于指定映像文件地址映射方式,其中包含了各域及各段的分组和定位信息。

2. Options 选项卡

Options 选项卡如图 1-19 所示,其中各选项含义及用法如下所示。

(1) Remove unused sections:ARM 连接器可以删除映像文件中没有被使用的段。
要注意不能删除异常中断处理程序。ARM 连接器认为下面这些输入段是被使用的。其他的段,ARM 连接器认为是可以删除的。

下面的选项指定连接器可以删除未被使用的段的属性。

- Read-only　指定连接器可以删除 RO 属性未被使用的段。
- Read-write　指定连接器可以删除 RW 属性未被使用的段。
- Zero-initial　指定连接器可以删除 ZI 属性未被使用的段。

(2) Include debugging information:若选中该复选框,则在输出文件中包含调试信息。这些调试信息包括调试信息输入段、符号表以及字符串表。

若不选中该复选框,则在输出文件中不包含调试信息。这时调试器就不能提供源代

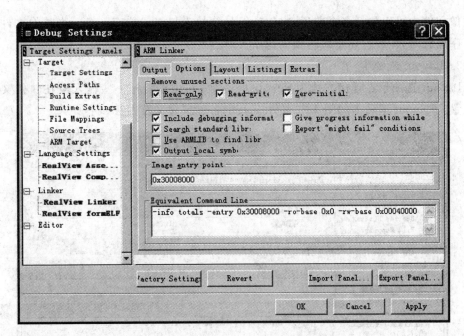

图 1-19　Options 选项卡中的连接器选项

码级的调试功能。ARM 连接器对加载到调试器中映像文件（ARM 中为 * . axf 文件）进行一些特殊处理,使其中包含调试信息输入段、符号表以及字符串表。但对于下载到目标系统中的映像文件（ARM 中为 * . bin 文件）,ARM 连接器并没有特别的处理。如果 ARM 连接器在进行部分连接,则生成的目标文件中不包含调试信息输入段,但仍然包含了符号表以及字符串表。

如果将来要使用工具 fromELF 来转换映像文件的格式,则在生成该映像文件时应该选择本选项。

（3）Search standard libraries：若选中该复选框,则 ARM 连接器扫描默认的 C/C++运行时库,以解析各目标文件中被引用的符号。若不选中该复选框,则 ARM 连接器在进行连接操作时,不扫描默认的 C/C++运行时库来解析各目标文件中被引用的符号。

（4）Use ARMLIBti find libraries：若选中该复选框,则连接器使用 ARMLIB 环境变量定义的路径搜索 C 运行时库,而不使用 Target settings 面板中的 Access Paths 选项组中定义的搜索路径。

（5）Output local symbols：若选中该复选框,则 ARM 连接器在生成映像文件时,将局部符号也保存到输出符号表中。

（6）Give might information while linking：若选中该复选框,则 ARM 连接器在进行连接时显示速度信息。

（7）Report might faill conditionsas errors：若选中该复选框,则 ARM 连接器将可能造成错误的条件作为错误信息,而不是作为警告信息。

（8）Image entry point：该选项组用于指定映像文件中的初始入口点的地址值。一个映像文件中可以包括多个普通入口点,但是初始入口点只能有一个。当映像文件被加载程序加载时,加载程序将跳转到该初始入口点处执行。

3. Layout 选项卡

Layout 选项卡在连接方式为 Simple 时有效,它用来安排一些输入段在映像文件中的位置。Layout 选项卡如图 1-20 所示。其中各选项含义及用法如下所示。

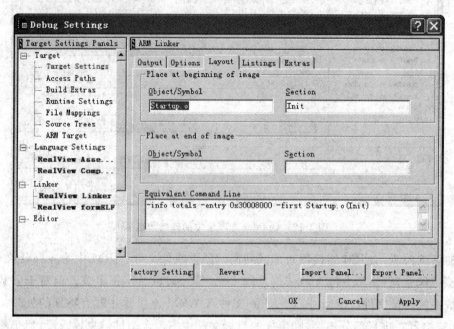

图 1-20　Layout 选项卡中的连接器选项

(1) Place at beginning of image 选项组用于指定将某个输入段放置在它所在的运行时域的开头。例如包含复位异常中断处理程序的输入段通常放置在运行时域的开头。有下面两种方法来指定一个输入段:

- 第 1 种方法是在 Object/Symbol 文本框中指定一个符号名称。这时定义本符号的输入段被指定。
- 第 2 种方法是在 Object/Symbol 文本框中指定一个目标文件名。在 Section 文本框指定一个输入段名称,从而确定了一个输入段作为指定的输入段,如图 1-20 所示。

(2) Place at end of image 选项组用于指定将某个输入段放置在它所在的执行时域的结尾。例如包含校验和数据的输入段通常放置在执行时域的结尾。指定一个输入段的两种方法与 Place at beginning of 选项组中相同。

1.3.3.4　fromELF 工具的选项设置

本节介绍 CodeWarrior IDE 中的 fromELF 的选项使用。打开 Debug Settings 对话框,选中左边 Target Settings Panels 列表框中 Linker 选择项下的 ARM fromELF 子选

项,如图 1-21 所示。

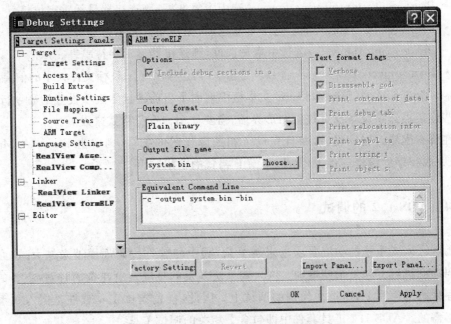

图 1-21　fromELF 工具的选项设置

使用 fromELF 工具可以将 ARM 连接器产生的 ELF 格式的映像文件转换成其他格式的文件。相关的选项如下所示。

(1) Output format 下拉列表框用于选择目标文件的格式。其可能的选项如下:

- Executable AIF——可执行的 AIF 格式的映像文件。
- No executable AIF——非可执行的 AIF 格式的映像文件。
- Plain binary BIN——格式映像文件。
- Intellec Hex BIN——格式的映像文件。
- Motorola 32 bit Hex——Motorola 32 位 S 格式的映像文件。
- Intel 32 bit Hex——Intel 32 位格式的映像文件。
- Verilog Hex——Verilog 十六进制映像文件。
- ELF 格式。
- Text information 文本信息。

(2) Output file name 文本框用于设置 fromELF 工具的输出文件的名称。

(3) Text format flags 选项组:当输出文件为文本信息时,用于控制文本信息内容的选项,各选项含义如下:

- Verbose——若选中本复选框,则连接器显示本次连接操作的详细信息。其中包括目标文件以及 C\C++运行时库的信息。
- Disassemble code——若选中本复选框,则连接器显示反汇编代码。
- Print contents of data sections——若选中本复选框,则连接器显示数据段信息。

- Print debug table——若选中本复选框，则连接器显示调试表信息。
- Print relocation information——选中本复选框，则连接器显示重定位信息。
- Print symbol table——若选中本复选框，则连接器显示符号表。
- Print string table——若选中本复选框，则连接器显示字符串表。
- Print object sizes——若选中本复选框，则连接器显示目标文件大小的信息。

（4）Equivalent Command Line 文本框中列出了当前连接器选项设置的命令行格式。有一些连接器选项设置没有提供图形界面，需要使用命令行格式来设置。

在所有配置设置完成后，并且完成了相关源代码的编写，则单击 Project→Make 命令，来完成程序的编译连接工作，生成 ELF 格式的输出文件。

1.3.4　ADS 1.2 的调试

随着嵌入式系统的功能要求越来越复杂，其中的软件代码规模越来越大，这必然会使代码的调试难度和复杂度增加。嵌入式系统开发的难度及所花费的时间，主要的不是在程序代码的编写上，而是在代码的调试上。因此，借助调试工具软件是嵌入式系统开发时必需的。ADS 1.2 工具套件中即包含了相关的调试工具。

ADS 1.2 开发套件中的调试器，可以有 3 种选择：AXD、ADW/ADU 和 Armsd。其中，ADW/ADU、Armsd 是早期的调试器。在 ADS 1.2 开发套件中，广泛使用的就是 AXD 调试器。下面以 AXD 调试器为例来说明嵌入式系统软件的调试方法。

利用 AXD 调试器进行代码调试时，可以采用仿真器方式来在线调试程序代码。所谓仿真器方式，则是利用硬件仿真器（如图 1-2 所示）与实际的硬件目标板连接后，来进行调试代码。

1.3.4.1　代码下载

在把目标板通过 JTAG 接口与硬件仿真器连接好后，并同时运行该硬件仿真器的驱动程序后，就可以利用 ADS 1.2 打开需要进行调试的应用程序工程项目。ADS 1.2 完成嵌入式系统软件代码的编写、编译、连接后，需要把生成带有调试信息的镜像文件进行下载，从而进行代码的调试。在如图 1-5 所示的界面中单击菜单 Debug，即进入如图 1-22 所示的 AXD 调试器界面。

若下载映像文件失败，则需要对 AXD 的连接目标进行重新配置。可选择 Options→Configure target 命令来进入配置操作界面。

1.3.4.2　查看变量及存储器单元

在嵌入式系统的软件调试时，经常需要查看某些变量或者存储单元的内容，以便通过这些内容值来判断程序执行的情况。图 1-23 是 AXD 调试器的存储单元内容查看界面，它可以通过 Processor Views→Memory 命令进入。窗口中最下方的左边第一栏中是

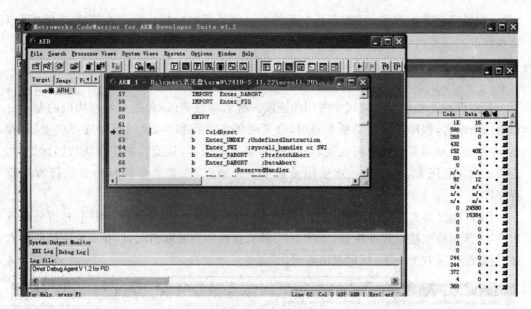

图 1-22　AXD 调试器界面

存储器的地址,地址右边的 16 栏内容是该地址为首址的 16 个存储器单元的内容。默认
情况下,是以字节为单位来显示该地址对应的内容,而不是字。

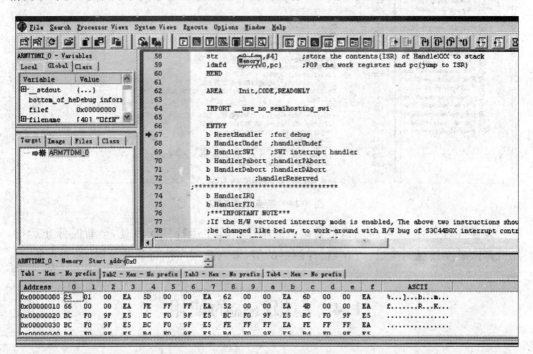

图 1-23　用 AXD 查看存储单元界面

　　要进入观察变量窗口,可以通过单击 Processor View→Watch 命令完成。寄存器观
察窗口可以通过单击 Processor View→Registers 命令打开。窗口中 R0、R1、……、R12、

SP 分别是寄存器的名称,各寄存器名称的右边则是其对应的内容。在该窗口中也可以直接修改寄存器的值。

1.3.4.3 断点调试

断点调试是程序代码调试中常用的手段。所谓断点调试,是指在程序代码的某一行设置一个断点,程序在运行到断点处时,会暂时停止运行程序,此时可以通过变量、寄存器、存储器等观测窗口来观测变量、寄存器、存储器的内容,从而判断程序执行到此处时,是否正常。若正常,可以进一步采用设置下一个断点,或者单步执行的方式接着运行程序。

AXD 调试器支持断点调试方式。设置断点时,用鼠标在需要运行停止的指令处双击一下,该指令就被设置了断点,如图 1-24 的圆点处。若要取消断点,在需要取消的断点处,对着圆点再双击一下,则可取消断点。

图 1-24　断点设置窗口

设置好断点后,即可启动运行需调试的程序。程序运行到断点处,会暂时停止运行,然后调试者通过观测变量、寄存器、存储器的值,来判断程序执行到此处时,是否正常。

1.4 超级终端的使用

对于一些非裸机的开发板,如已经做好的 ARM 实验箱,通常会采用串口 0 来输出目标机中的信息。因此,开发者可以利用通用台式机(即 PC)上的"超级终端"工具,来完成程序代码的下载及调试工作。

本实验目的是使初学者掌握"超级终端"工具的配置,并利用它来完成应用程序的下载及调试。

1.4.1　超级终端的配置

在使用"超级终端"工具进行程序代码下载时,首先需要利用串口线把宿主机和目标机连接起来(如图 1-3 所示),然后还需要对"超级终端"进行一些参数配置。在不同的 Windows 操作系统版本下,"超级终端"是否是操作系统的附件工具软件是不一样的,如 Windows XP 版本操作系统的附件中,就带有"超级终端",而 Windows 7 版本操作系统下,就没有"超级终端",通常需要一个第三方的"超级终端"工具软件。下面以 Windows 7 版本下运行的"超级终端"工具软件为例,来介绍其配置操作步骤如下:

(1) 启动"超级终端"软件 hypertrm.exe,其界面如图 1-25 所示。在名称所对应的输入框中填入 ARM9(注:名称可以为任意字母组成,不一定非要是 ARM9,由设计者自行确定),该名称将是所建立的超级终端连接的名称。单击"确定"按钮后,进入如图 1-26 所示的对话框。

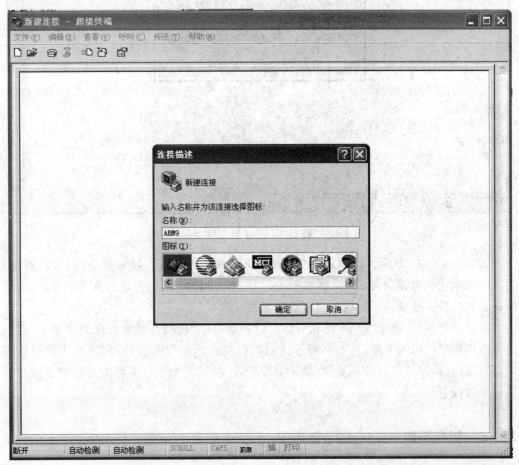

图 1-25　打开超级终端的操作

（2）在如图 1-26 所示的对话框中，选择连接时使用的串口，如图 1-26 中为 COM1。注意：所选择的串口应该是宿主机上与目标机实际连接的串口。然后，单击"确定"按钮进入如图 1-27 所示的对话框。

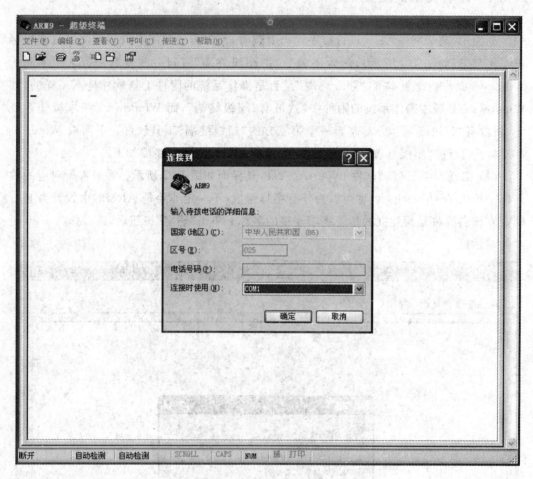

图 1-26　选择串口号

（3）在如图 1-27 所示的对话框中，用来设置串口的参数。如每秒位数（即波特率）为：115 200bps、数据位为：8、奇偶校验为：无、停止位为：1、数据流控制为：无。注意：所设置的参数一定要与目标机的串口通信参数一致。

参数设置好后，单击"确定"按钮，即进入"超级终端"的操作界面。在此界面中，可以进行应用程序代码的下载，并观察程序运行的信息。当操作完成后，需要退出超级终端时，还可以选择保存当前的设置，以便于下次进入"超级终端"时，不再需要按照上述步骤进行参数设置。

1.4.2　程序下载

使用"超级终端"进行程序下载时，目标机必须具备支持下载的相关软件，即具有串

图 1-27 串口参数设置

口通信程序,及相关命令的解析程序。通常嵌入式系统的开发板或者实验箱均可以支持通过"超级终端"下载程序。

打开已经建立并配置好的"超级终端",然后启动目标机,这时就可以在"超级终端"界面上显示目标机的启动信息(注:必须确保宿主机与目标机已经通过 RS-232 接口连接好,并且超级终端的参数配置正确),如图 1-28 所示。

根据图 1-28,目标机的启动引导程序是 U-Boot。当目标机进入 U-Boot 后,就可以下载需调试的程序。具体步骤如下:

(1) 在"超级终端"中输入命令:loadx 0x30008000 后回车,如图 1-29 所示。然后选择"传送"→"发送文件"命令,即可进入如图 1-30 所示的对话框。

(2) 在如图 1-30 所示的对话框中,通过单击"浏览"按钮来选择需要传送的文件(注:该文件必须是下载到目标机中后可以被运行的二进制文件,图 1-30 中为 F:\实验实例\system.bin,这个文件通常是设计者利用 ADS1.2 等开发工具生成的)。并且要选择好与目标机一致的通信协议,图 1-30 中为 Xmodem,然后单击"发送"按钮进行发送文件。

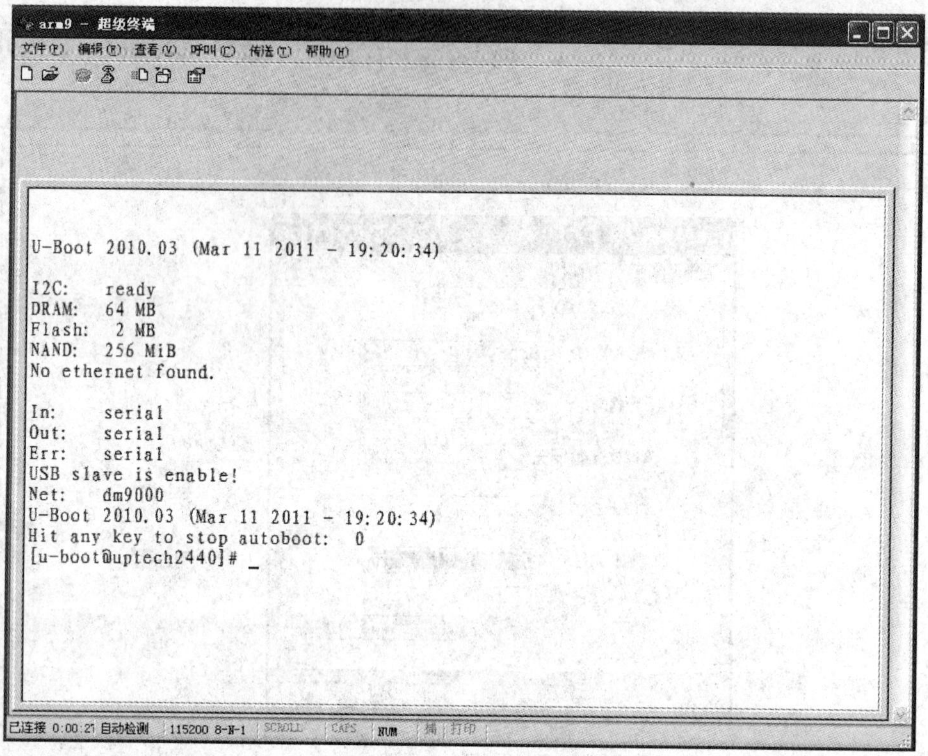

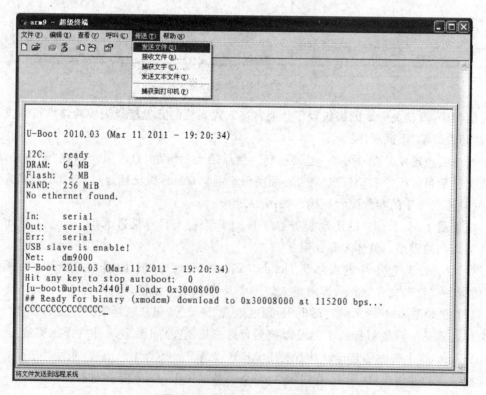

图 1-28　超级终端运行主界面

图 1-29　超级终端运行主界面

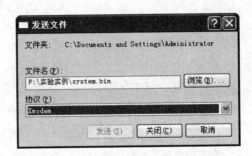

图 1-30　下载需要的二进制文件界面

　　文件在发送过程中,在超级终端的界面上能看到传送的进度。文件一旦传输完成,则表示程序下载结束。

　　(3) 下载程序结束后,在"超级终端"中输入命令: go 0x30008000,如图 1-31 中的倒数第 2 行所示,即可启动程序在目标机上的运行。

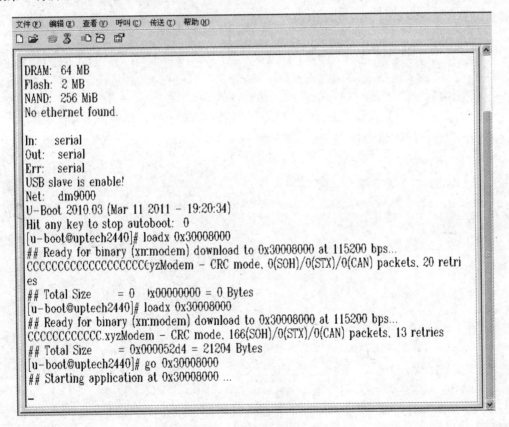

图 1-31　启动目标机程序运行

　　利用"超级终端"来进行嵌入式系统软件调试时,由于该工具无法支持断点调试,以及单步跟踪调试,因此,需要调试者具有丰富的调试经验,通过观察目标机上程序运行的现象,或者观察发送到"超级终端"上的参数值来判断程序执行是否正确。

基础篇

第2章 汇编指令基础实验

学习并熟悉汇编指令,可以帮助学生深入了解本指令集所对应的微处理器体系结构,从而使学生更深入地理解从底层开始构建嵌入式系统的方法,是从事嵌入式系统启动引导程序编写或操作系统移植的工作基础。

2.1 实验目标及要求

本实验通过 3 小段汇编程序,来验证 ARM9 汇编指令的功能及特性,从而达到熟悉并掌握 ARM9 汇编指令的要求。具体的实验目的及要求是:

1. 熟悉并掌握 ARM9 的数据传送类指令、数据运算类指令、分支类指令的功能;
2. 熟悉并掌握 ARM9 汇编指令的有条件执行特征;
3. 熟悉 ADS1.2 汇编环境及其相关指示符;
4. 熟悉并掌握 ADS1.2 下的工程建立及源程序的建立;
5. 熟悉并掌握 ADS1.2 的程序编辑、编译、连接、调试等工具。

2.2 实验步骤

实验步骤:

1. 检查实验箱与宿主机之间是否用串口线(即 RS-232 接口线)连接好。若未连接好,则需要用串口线把实验箱与宿主机连接起来,串口线连在实验箱的 UART0 接口上。然后启动宿主机,并在宿主机上运行超级终端,配置好相关参数(具体操作参见 1.4 节)。

2. 在宿主机上运行 ADS1.2 工具软件,来建立一个新的工程项目,该工程项目的生成目标选择为:Release(工程项目建立方法请参见 1.3 节)。(注:假设宿主机上已经安装好 ADS1.2 工具软件)。

3. 进行生成目标:Release 的配置。主要是完成地址映射关系的配置,本实验中采用简单的地址配置方法,如图 2-1 所示(具体的配置方法请参见 1.3 节)。

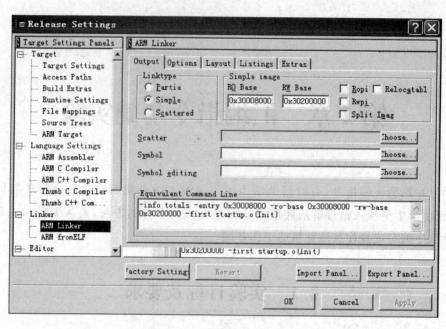

图 2-1　目标系统的地址配置

4. 通过 ADS1.2 工具中的编辑功能,来进行程序源代码的编辑。实验中所需的三段程序源代码请参见 2.3.3 节,实验者也可以按照实验功能要求,自行编写源代码。

5. 通过 ADS1.2 工具中的编译连接功能,完成对程序源代码的编译连接工作,生成可以在目标系统(即实验箱)上运行的映像文件,映像文件的名称为 system.bin,如图 2-2 所示。

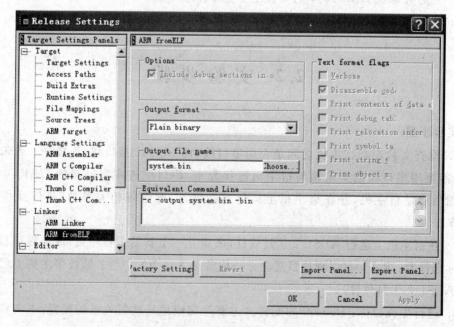

图 2-2　映像文件的名称设置

6. 利用"超级终端"工具将文件 system. bin 下载到实验箱的存储器中,并启动运行(具体操作参见 1.4 节)。

2.3　实验关键点

本实验的关键是熟悉并掌握 ARM9 微处理器的体系结构,以及相关指令集架构和指令功能、并熟悉 ADS1.2 汇编环境下的汇编程序编写规范等。

2.3.1　ARM9 微处理器寄存器组织

ARM9 微处理器的内部总共有 37 个 32 位的寄存器,其中 31 个用作通用寄存器,6 个用作状态寄存器,每个状态寄存器只使用了其中的 12 位。这 37 个寄存器根据处理器的状态及其工作模式的不同而被安排成不同的组,如表 2-1 所示。程序代码运行时涉及的工作寄存器组是由 RAM9 微处理器的工作模式确定的。

表 2-1　不同工作模式下的寄存器分组

用户	系统	管理	中止	未定义	中断	快中断
R0	R0	R0	R0	R0	R0	R0
R1	R1	R1	R1	R1	R1	R1
R2	R2	R2	R2	R2	R2	R2
R3	R3	R3	R3.	R3	R3	R3
R4	R4	R4	R4	R4	R4	R4
R5	R5	R5	R5	R5	R5	R5
R6	R6	R6	R6	R6	R6	R6
R7	R7	R7	R7	R7	R7	R7
R8	R8	R8	R8	R8	R8	R8_fiq *
R9	R9	R9	R9	R9	R9	R9_fiq *
R10	R10	R10	R10	R10	R10	R10_fiq *
R11	R11	R11	R11	R11	R11	R11_fiq *
R12	R12	R12	R12	R12	R12	R12_fiq *
R13	R13	R13_svc *	R13_abt *	R13_und *	R13_irq *	R13_fiq *
R14	R14	R14_svc *	R14_abt *	R14_und *	R14_irq *	R14_fiq *
R15(PC)	R15(PC)	R15(PC)	R15(PC)	R15(PC)	R15(PC)	R15(PC)
CPSR	CPSR	CPSR	CPSR	CPSR	CPSR	CPSR
		SPSR_svc	SPSR_abt	SPSR_und	SPSR_irq	SPSR_fiq

＊表明用户或系统模式下的一般寄存器已被异常模式下的另一物理寄存器所替代。

1. R0～R15 寄存器

R0～R15 称为通用寄存器,其中,R0～R7 是不分组的寄存器;R8～R14 是根据工作模式进行分组的寄存器;R15 是程序计数器,也是不分组的。

R0～R7 寄存器是不分组的,在所有的工作模式下,它们物理上是同一个寄存器。也就是说,若要访问 R0 寄存器,不管在哪种工作模式下,访问到的是同一个 32 位物理寄存器 R0;若要访问 R1 寄存器,不管在哪种工作模式下,访问到的是同一个 32 位物理寄存器 R1,以此类推,若要访问 R7 寄存器,不管在哪种工作模式下,访问到的是同一个 32 位物理寄存器 R7。注意:这些在所有工作模式下共享的寄存器,若发生工作模式之间的切换时,通常需要进行压栈保护,以防止不同工作模式下操作该寄存器而产生数据冲突。

R8～R14 是分组寄存器,它们中的每一个寄存器根据当前工作模式的不同,所访问的寄存器实际可能不是同一个物理寄存器。如表 2-2 所示,R8～R12 寄存器各分成了两组物理寄存器:一组工作在 FIQ 模式下,另一组工作在除 FIQ 以外的其他工作模式下。工作在 FIQ 模式下访问的是 R8_fiq～R12_fiq 物理寄存器,工作在其他模式下访问的是 R8_usr～R12_usr 物理寄存器。R8～R12 寄存器是通用寄存器,没有任何特殊用途,只使用寄存器 R8～R14 就可处理 FIQ 中断。

表 2-2　模　式　位

M[4:0]	模　式	可访问的寄存器
10000	用户	PC、R14～R0、CPSR
10001	FIQ	PC、R14_fiq～R8_fiq、R7～R0、CPSR、SPSR_fiq
10010	IRQ	PC、R14_irq、R13_irq、R12～R0、CPSR、SPSR_irq
10011	管理	PC、R14_svc、R13_svc、R12～R0、CPSR、SPSR_svc
10111	中止	PC、R14_abt、R13_abt、R12～R0、CPSR、SPSR_abt
11011	未定义	PC、R14_und、R13_und、R12～R0、CPSR、SPSR_und
11111	系统	PC、R14～R0、CPSR

R13 寄存器和 R14 寄存器分别有 6 组不同的物理寄存器,其中 1 组物理寄存器工作于用户模式和系统模式,其他 5 组物理寄存器分别工作于 5 种异常模式,如表 2-2 所示。对 R13 和 R14 访问时,需要指定它们的工作模式,即具体是哪组物理寄存器,表 2-2 中为了区别不同工作模式下的 R13 和 R14,分别在其名称下加上工作模式,如下:

$$R13\_<mode>　或　R14\_<mode>$$

其中,<mode>可以是 usr、svc、abt、und、irq 和 fiq 这 6 种模式中的一个。

R13 寄存器的作用通常是堆栈指针,又称为 SP。每种异常模式都有对应于该模式下的 R13 物理寄存器。R13 寄存器在初始化时,应设置为指向本异常模式下分配的堆栈空间的入口地址。当异常服务程序进入时,异常服务程序需将用到的其他寄存器值保存到堆栈中。当异常服务程序返回时,重新将堆栈中值加载到对应的寄存器中。

R14 寄存器被称为链接寄存器,又称为 LR(Link Register)寄存器,实际上就是用作子程序调用时,或遇到异常引起的程序分支时的返回链接寄存器。当 ARM9 微处理器执行带链接的分支指令(如:BL 指令)时,R14 保存了 R15 的值。另外,当异常发生时,相应工作模式下的寄存器分组,即 R14_svc、R14_abt、R14_und、R14_irq 和 R14_fiq 用来保存 R15 的返回值。在其他情况下,R14 可作为通用寄存器使用。也就是说,R14 具有两种特殊功能:

（1）每种工作模式下所对应的那个 R14 寄存器可用于保存子程序的返回地址。

（2）异常出现时，该异常模式下的那个 R14 寄存器被设置成异常返回地址。异常返回与子程序返回性质相同，但通常使用的指令不同。

R15 寄存器的功能是程序计数器，又称为 PC，是程序执行时的取指指针。在 ARM 状态下，R15 寄存器的[1：0]位为二进制的 00，[31：2]位是 PC 的值；在 Thumb 状态下，R15 寄存器的[0]位为二进制的 0，[31：1]位是 PC 值，这样就保证了取指时的地址对准。对于读 R15 的指令操作结果是：所读到 R15 的值为该指令存储地址加 8。写 R15 指令的执行结果是将写入 R15 中的值作为新的地址，并转移到此地址继续执行指令，这样会阻塞当前指令流水，而构建新的指令流水，该指令的结果类似于不带链接的分支指令。应该注意写到 R15 中的值，其[1：0]位应是二进制的 00，这是因为 ARM 状态要求字对准。

2. CPSR 寄存器

CPSR(Current Program Status Register)寄存器称为当前程序状态寄存器，又称为 R16。在所有处理器模式下，CPSR 都是同一个物理寄存器，它保存了程序运行的当前状态，其中包括各种条件标志、中断禁止/允许位、处理器模式位以及其他状态和控制信息。在各种异常模式下，均有一个称为 SPSR(Saved Program Status Register)的寄存器用于保存进入异常模式前的程序状态，即当异常出现时，SPSR 中保留 CPSR 的值。CPSR 和 SPSR 均为 32 位的寄存器，其格式如下：

31	30	29	28		8	7	6	5	4	3	2	1	0
N	Z	C	V	DNM(RAZ)		I	F	T	M4	M3	M2	M1	M0

1）各种条件标志

条件标志包括 N 标志(negative)、Z 标志(zero)、C 标志(carry)和 V 标志(overflow)，它们的具体含义如下：

N 标志，当指令执行结果是带符号的二进制补码时，若结果为负数，则 N 标志位置 1；若结果为正数或 0，则 N 标志位置 0。

Z 标志，又称为零标志，当指令执行结果为 0 时，Z 标志置 1；否则 Z 标志置 0。

C 标志，又称进位标志。对 C 标志产生影响的方式根据指令的不同有所不同。若是加法指令以及比较指令 CMN，当指令执行结果产生进位时，则 C 标志置 1，否则 C 标志置 0；若是减法指令以及比较指令 CMP，当指令执行结果产生借位时，则 C 标志置 0；否则 C 标志置 1；若是带有移位操作的非加法/减法指令，C 标志值为移出的最后一位的值；若指令是其他非加法/减法指令，C 标志不会改变。

V 标志，又称溢出标志。对 V 标志产生影响的方式根据指令的不同有所不同。若是加法或减法指令，当指令执行结果产生带符号溢出时，V 标志置 1；若是非加法/减法指令，V 标志不会改变。

上述 4 种标志可用于条件判断，以决定带相应条件判断的指令是否执行。

2）各种控制位

CPSR 寄存器的第 7 位~第 0 位分别是 I、F、T 和 M[4：0]，它们均用做控制位。当微处理器进入某个异常时，会改变控制位的值，在特权模式下也可用软件改变。其中，I 和 F 分别是 IRQ 异常和 FIQ 异常的禁止/允许位。当 I 置 1 时，禁止 IRQ 异常，否则允许 IRQ 异常；当 F 置 1 时，禁止 FIQ 异常，否则允许 FIQ 异常。T 位是微处理器状态位，当 T 置 0 时，指示为 ARM 状态，当 T 置 1 时，指示 Thumb 状态。M4、M3、M2、M1、M0 是工作模式位，它们决定了 ARM9 微处理器的工作模式，如表 2-2 所示。注意，表中未列出的二进制组合是不可用的。

CPSR 寄存器中的其他位没有用到，作为保留位，用于以后的扩展。

Thumb 状态下的寄存器集是 ARM 状态下的寄存器子集，它有 8 个通用寄存器（R7~R0）以及 PC、SP、LR 和 CPSR，每一种特权模式下均有一组 SP、LR 和 SPSR 的物理寄存器。这些寄存器的作用均与 ARM 状态下的相同。

2.3.2　ARM9 微处理器相关汇编指令

ARM9 微处理器采用的是 ARMv4 版本的指令集架构，其指令集代码的格式如图 2-3 所示。从图 2-3 中可以了解到，ARMv4 版本的指令集有以下特征。

（1）32 位的 ARM 指令集由 14 种基本指令类型组成。

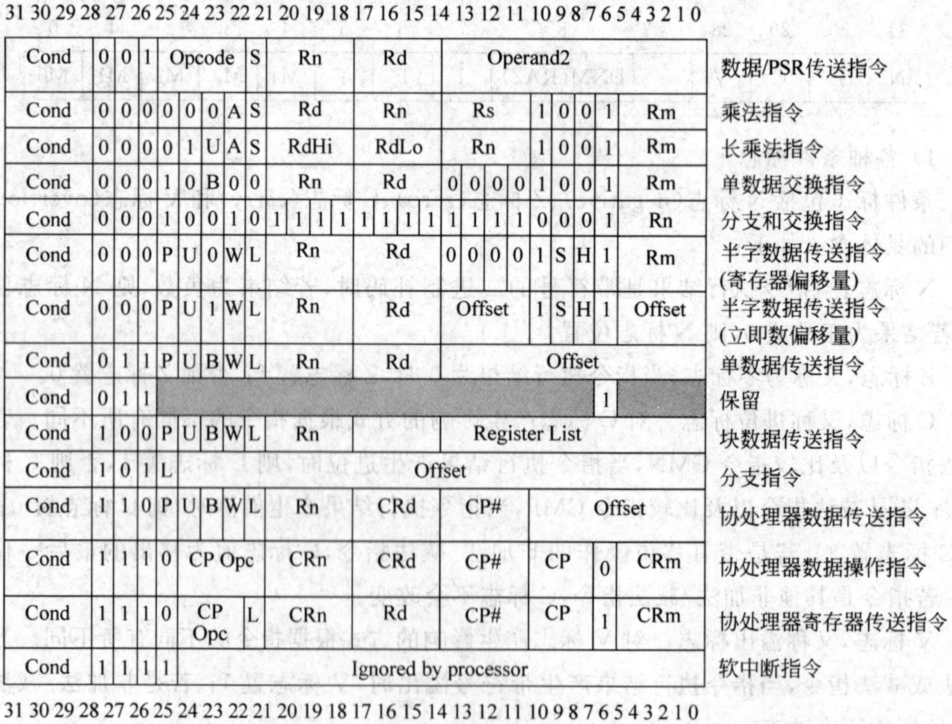

31 30 29 28 27 26 25 24 23 22 21 20 19 18 17 16 15 14 13 12 11 10 9 8 7 6 5 4 3 2 1 0

Cond 0 0 1 Opcode S Rn Rd Operand2	数据/PSR传送指令
Cond 0 0 0 0 0 0 A S Rd Rn Rs 1 0 0 1 Rm	乘法指令
Cond 0 0 0 0 1 U A S RdHi RdLo Rn 1 0 0 1 Rm	长乘法指令
Cond 0 0 0 1 0 B 0 0 Rn Rd 0 0 0 0 1 0 0 1 Rm	单数据交换指令
Cond 0 0 0 1 0 0 1 0 1 1 1 1 1 1 1 1 1 1 1 1 0 0 0 1 Rn	分支和交换指令
Cond 0 0 0 P U 0 W L Rn Rd 0 0 0 0 1 S H 1 Rm	半字数据传送指令（寄存器偏移量）
Cond 0 0 0 P U 1 W L Rn Rd Offset 1 S H 1 Offset	半字数据传送指令（立即数偏移量）
Cond 0 1 1 P U B W L Rn Rd Offset	单数据传送指令
Cond 0 1 1 （保留） 1	保留
Cond 1 0 0 P U B W L Rn Register List	块数据传送指令
Cond 1 0 1 L Offset	分支指令
Cond 1 1 0 P U B W L Rn CRd CP# Offset	协处理器数据传送指令
Cond 1 1 1 0 CP Opc CRn CRd CP# CP 0 CRm	协处理器数据操作指令
Cond 1 1 1 0 CP Opc L CRn Rd CP# CP 1 CRm	协处理器寄存器传送指令
Cond 1 1 1 1 Ignored by processor	软中断指令

31 30 29 28 27 26 25 24 23 22 21 20 19 18 17 16 15 14 13 12 11 10 9 8 7 6 5 4 3 2 1 0

图 2-3　ARM 指令集代码格式

（2）指令操作码中的 Cond 子域是条件域，它表明 ARM 指令集中的所有指令是有条件执行的。

例如：

```
LDREQ   R5,[R6,#28]!        ;(若相等)R5←[R6+28],R6←R6+28
STRNE   R0,[R1,#2]          ;(若不相等)R0←[R1+2]
BEQ     Zero                ;(若相等)转移到标号 Zero 处
```

上述的有条件执行指令中，符号"EQ""NE"代表了相应的条件，这个条件将根据 CPSR 寄存器中的状态标志位和指令的条件域来确定指令是否执行。

2.3.3　ADS 1.2 汇编程序编写规范

在使用汇编指令编程时，经常会用到伪指令。所谓的伪指令，是指汇编器采用的，用来指示如何进行汇编的符号。它们不被目标系统执行，但在汇编过程中，汇编器会把它汇编成一条或几条真正的汇编指令。

例如：

```
LDR     R0,=0x30001008      ;伪指令,功能是把常量 0x30001008 赋给 R0
```

该条伪指令经常使用，作用是将一个立即数赋给寄存器，汇编时，该伪指令会汇编成相应的 MOV 指令。

用汇编指令编写的源程序中，除了会用到伪指令外，还经常会用到指示符。所谓指示符，是指用来指示汇编器如何进行汇编的符号，这些符号仅指示汇编器如何进行汇编和连接，而不会被汇编成一条真正的汇编指令。

下面是几个常用的指示符：

- AREA——指示汇编器汇编一段新的代码段或数据段的指示符。
- ENTRY——指示汇编器把其后的首条指令作为程序入口的指示符，一个源文件中只能有一个 ENTRY 指示符。
- END——表示源程序结束的指示符。
- IMPORT——告诉汇编器某个变量名或标号在当前程序段中未曾定义的指示符，这个变量名或标号由连接器进行定位。
- EXPORT——指示由连接器在目标和库文件中使用的符号的指示符。

2.3.4　实验程序源码解释

1. 源代码一

本段源程序的功能是完成求 1+2+3+…+11 的和。通过该实验，加深对 ARM9 汇编指令的理解，特别是理解指令有条件执行的特征。该示例在利用 ADS 1.2 进行开发时，建立的工程项目主界面如图 2-4 所示。

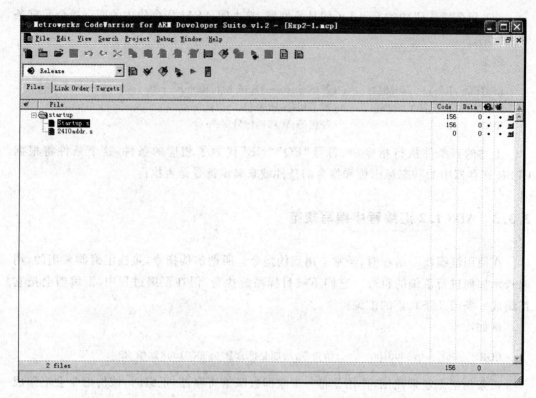

图 2-4　源代码一所属的工程项目主界面

从图 2-4 中可以看到,该工程项目中包含了两个源程序文件:Startup. s、2410addr. s。这两个源程序均采用了 ARM9 汇编指令编写。源程序文件 2410addr. s 中定义了许多 S3C2440 芯片中的寄存器变量,在需要用到寄存器变量的汇编程序文件中,需要包含该文件。由于后续的许多示例程序中,也需要源程序文件 2410addr. s,因此它的程序清单放在本书的附录中,这里仅对源程序文件 Startup. s 的代码进行介绍。其程序代码可以编写如下:

```
      GET 2410addr. s
            AREA   Init,CODE,READONLY
            ENTRY                 ;程序入口
      MOV R2,#0
      MOV  R1,#1
LOOP
      ADD R2,R2,R1               ;完成 1+2+3+…+11,和在 R2 中
      ADD  R1,R1,#1
      CMP R1,#12
      BNE LOOP
      BL   sub_s                 ;把 R2 的值通过串口发送,以便观察结果
LOOP2
      LDR  R0,  =UTRSTAT0         ;判断是否发送完成
```

```
        LDR   R1,[R0]
        AND   R1,R1,#4
        CMP R1,#4
        BNE   LOOP2
        B .
;下面是一段通过串口发送的子程序
sub_s
        LDR R0,=GPHCON              ;初始化 H 口的引脚功能
        LDR R1,=0xaa
        STR R1,[R0]
        LDR R0,=UFCON0
        LDR R1,=0x0
        STR R1,[R0]
        LDR R0,=UMCON0
        LDR R1,=0x0
        STR R1,[R0]
        LDR R0,=ULCON0             ;设置线路控制寄存器:8 为数据位,1 位停止位,无校验
        LDR R1,=0x03
        STR R1,[R0]
        LDR R0,=UCON0
        LDR R1,=0x245
        STR R1,[R0]
        LDR R0,=UBRDIV0            ;设置传输速率:115200bps,PCLK=50.7M
        LDR R1,=0x1B
        STR R1,[R0]
        LDR R0,=UTXH0
        STR R2,[R0]               ;发送 R2 中的值
        MOV PC,LR                 ;返回


        END
```

在上面源程序中,为了观察结果,加上了一段串口通信程序,实际完成累加功能的语句是程序中的第 4 行语句到第 10 行语句。另外,程序中用到的符号变量,如:GPHCON、UTRSTAT0、UFCON0 等需要定义,具体定义在 2410addr. s 文件中,读者请参考书后附录 A 中的实验实例源文件。

2. 源代码二

在源代码一的示例中,实现了 $1+2+3+\cdots+11$ 的和,完全采用汇编指令来实现。在源代码二的示例中,虽然也是实现 $1+2+3+\cdots+11$ 的和,但采用了 C 语言和汇编指令的混合编程,并采用了启动引导程序来引导用 C 语言编写的 main()函数。也就是说,目标系统(即实验箱)首先执行启动引导程序,然后由启动引导程序将 main()函数调用执行,完成 $1+2+3+\cdots+11$ 的求和。

该示例利用 ADS 1.2 进行开发时,建立的工程项目主界面如图 2-5 所示。

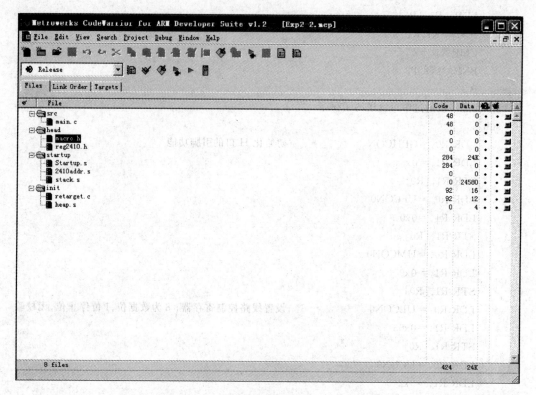

图 2-5　源代码二所属的工程项目主界面

从图 2-5 中可以看到，该工程项目中包含了 Startup. s、2410addr. s、main. c 等源程序文件。跟上面示例不同的是，应用程序采用 C 语言编写，并由启动引导程序来引导应用程序主函数。工程中 2410addr. s 和 reg2410. h 定义了 S3C2440 芯片内部寄存器所对应的变量，具体代码请参见附录。其他主要文件的代码如下。

首先，介绍启动引导程序文件 Startup. s。为了考虑通用性，该段启动引导程序代码的功能是：设置 7 个异常向量表，关闭看门狗及中断部件，设置多个工作模式下的堆栈指针，然后引导应用程序的主函数 main()。启动引导程序更详细的讲解见第 7 章，在此读者了解启动引导程序如何引导应用程序的主函数 main() 即可，其他语句功能的理解将在第 7 章的实验中进行。启动引导程序代码如下：

```
GET 2410addr. s
USERMODE      EQU   0x10
FIQMODE       EQU   0x11
IRQMODE       EQU   0x12
SVCMODE       EQU   0x13
ABORTMODE     EQU   0x17
UNDEFMODE     EQU   0x1b
MODEMASK      EQU   0x1f
NOINT         EQU   0xc0
```

```
I_Bit            *     0x80
F_Bit            *     0x40

        AREA   Init, CODE, READONLY
        ENTRY                          ;程序入口
        B   ColdReset
        B   .
        B   .
        B   .
        B   .
        B   .
        B   .
        B   .

        EXPORT ColdReset
ColdReset
        LDR   R0, = WTCON              ;关看门狗
        LDR   R1, = 0X0
        STR   R1, [R0]
        LDR   R0, = INTMSK             ;关中断
        LDR   R1, = 0XFFFFFFFF
        STR   R1, [R0]
        LDR   R0, = INTSUBMSK
        LDR   R1, = 0X7FF
        STR   R1, [R0]

        BL   InitStacks                ;初始化堆栈指针

        IMPORT  main
        BL   main
        B   .

        IMPORT UserStack
        IMPORT SVCStack
        IMPORT UndefStack
        IMPORT IRQStack
        IMPORT AbortStack
        IMPORT FIQStack
InitStacks
        MRS   R0, CPSR
        BIC   R0, R0, # MODEMASK
        ORR   R1, R0, # UNDEFMODE|NOINT
        MSR   CPSR_CXSF, R1
        LDR   SP, = UNDEFSTACK
```

```
        ORR    R1,R0,#ABORTMODE|NOINT
        MSR    CPSR_CXSF,R1
        LDR    SP,=ABORTSTACK
        ORR    R1,R0,#IRQMODE|NOINT
        MSR    CPSR_CXSF,R1
        LDR    SP,=IRQSTACK
        ORR    R1,R0,#FIQMODE|NOINT
        MSR    CPSR_CXSF,R1
        LDR    SP,=FIQSTACK
        ORR    R1,R0,#SVCMODE|NOINT
        MSR    CPSR_CXSF,R1
        LDR    SP,=SVCSTACK
        MOV       PC,LR
                  END
```

应用程序的主函数 main() 的代码如下。其功能只是完成了 $1+2+3+\cdots+11$ 的求和，但采用了内嵌汇编语言的实现方法，目的是使得读者了解 C 语言函数中如何嵌入汇编指令的程序。

```
#include <string.h>
#include <stdio.h>
#include "inc/macro.h"
#include "inc/reg2410.h"
void RS232_S(void);
int main(void)
{
    __asm
    {
            MOV R2,#0
            MOV R1,#1
    LOOP:
            ADD R2,R2,R1
            ADD R1,R1,#1
            CMP R1,#12
            BNE LOOP
    }

    return 0;
}
```

3. 源代码三

本段源程序的功能是实现一个冒泡排序的算法。该示例利用 ADS 1.2 进行开发时，建立的工程项目主界面如图 2-6 所示。

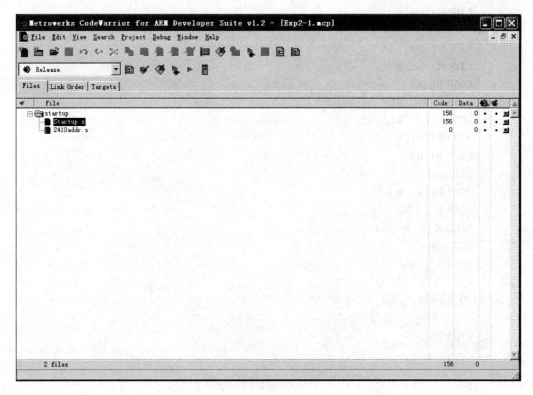

图 2-6　源代码三所属的工程项目主界面

从图 2-6 中可以看到，该工程项目中包含了 Startup. s、2410addr. s 两个源程序文件。
2410addr. s 文件中的代码请参见附录。Startup. s 文件中的代码解释如下。

所谓冒泡排序，是对一组数据进行比较大小后的排序，具体算法思想如下：

- 从第一对相邻的两个数据开始比较大小，若第一个比第二个大，就交换它们的位置。
- 以此类推，对每一对相邻元素做同样的工作，直到结尾的最后一对。这组数据中的最后一个即是最大的数。
- 重复进行上述的步骤，但已经得到的最大数不再进行比较。持续进行直到没有任何一对数据需要比较为止，这时就得到了按小到大排序的一组数据。

下面是用 ARM9 汇编指令实现的冒泡排序的算法程序。

```
GET 2410addr. s
        AREA    Init,CODE,READONLY
        ENTRY                        ;程序入口
start
    MOV R4,＃0
    LDR R6,＝src
    ADD R6,R6,＃28
outer
```

```
        LDR R1, = src
inner
        LDR R2, [r1]
        LDR R3, [r1, #4]
        CMP R2, R3
        STRGT R3, [R1]
        STRGT R2, [R1, #4]
        ADD R1, R1, #4
        CMP R1, R6
        BLT inner
        ADD R4, R4, #4
        CMP R4, #len
        SUBLE R6, R6, #4
        BLE outer
        B .


src DCD 2,4,9,8,5,1,3


        END
```

图 2-9　　　冒泡排序程序的工程自主界面

关键 2-9 中的源程序为上图默认供给了 Startup.S、zdr.ld、cfg 等调试文件，
ZdrHandler.c 中是定义好的如 HEalic、Zdrsetup.S 与中断有关的函数和。

图版在操作上，先者……这些或者于于对待大切放图而存在，还就为是被程序的。
其次，对待被程序上等待扩展接口扩展中断和本图，比较……图然入口说大起，于面就设。

CPU最大化，上了一起某被如中断扩展上上的工作上目图版文件有一些，某图工某某中
上图的二十某图…某某某。

最数于上，某图某上标图其某某某图明上某大概某某某某方意意，某意就图图某图某某
，的某图…某意到CPU某某某其某某其某某某其某某某某某某某。

ADR 某图APP某图…某某某图某某某某其某某某某某某某某。

        AREA App, CODE, READONLY

        ENTRY

START

        LDR SP, = ...

        LDR R4, = ...
```
```

第3章 GPIO 的用途实验

GPIO 是 General Purpose Input Output 的简称,中文名称为"通用输入/输出接口"。它是嵌入式系统硬件平台的重要组成部分,许多外部设备的控制通常是通过 GPIO 端口来进行的。在本章实验中,我们将具体学会使用 S3C2440 芯片的 GPIO 端口,主要是这些 GPIO 端口的功能初始化。

3.1 实验目标及要求

本实验通过 1 小段程序,来验证 S3C2440 的 GPIO 端口功能及特性,从而熟悉并掌握 S3C2440 的 GPIO 端口使用。具体的实验目的及要求是:
1. 熟悉并掌握 S3C2440 的 GPIO 端口功能,了解其引脚的多功能特性。
2. 熟悉并掌握 GPIO 端口的控制寄存器格式。
3. 熟悉并掌握 GPIO 端口控制寄存器的初始化编程。
4. 熟悉并掌握 GPIO 端口的数据寄存器及其编程。

3.2 实 验 步 骤

实验步骤:
首先检查实验箱与宿主机之间是否用串口线(即 RS-232 接口线)连接好。若连接好,则启动宿主机,并在宿主机上运行超级终端,配置好其参数。然后,利用 ADS 1.2 工具建立本实验程序的工程项目,并配置好工程项目的参数(具体操作参见 1.3 节和 1.4 节。由于这些步骤在以后的实验中也类似,后续章节中不再介绍)。

3.3 实 验 关 键 点

S3C2440 芯片共有 130 个输入/输出引脚,分属于 9 个 GPIO 端口。这 9 个 GPIO 端口均为多功能复用端口,端口功能可以编程设置。9 个 GPIO 端口是:

- 端口 A（GPA）——有 25 条输出引脚的端口，但最高 2 位对应的引脚未用（即保留）。
- 端口 B（GPB）——有 11 条输入/输出引脚的端口。
- 端口 C（GPC）——有 16 条输入/输出引脚的端口。
- 端口 D（GPD）——有 16 条输入/输出引脚的端口。
- 端口 E（GPE）——有 16 条输入/输出引脚的端口。
- 端口 F（GPF）——有 8 条输入/输出引脚的端口。
- 端口 G（GPG）——有 16 条输入/输出引脚的端口。
- 端口 H（GPH）——有 11 条输入/输出引脚的端口。
- 端口 J（GPJ）——有 13 条输入/输出引脚的端口。

上述 9 个 GPIO 端口根据系统配置和设计的不同需求，设计者可以选择这些 GPIO 端口的功能。若选定某个 GPIO 端口的功能，设计者应在使用该引脚功能之前编程设置对应的控制寄存器，从而确定所需 GPIO 端口的功能。如果某个 GPIO 引脚不用于特定专用功能的话，那么该引脚就可以设置用于普通的输入/输出功能。

每个 GPIO 端口中，均有 3 个寄存器，分别是 GPxCON、GPxDAT、GPxUP（注：x 代表 GPIO 端口的序号：A、B、……、J），它们的作用分别是端口控制寄存器、端口数据寄存器、端口上拉电阻寄存器。

端口控制寄存器 GPxCON 的作用是用来设定 GPIO 端口 x 的引脚功能。端口数据寄存器 GPxDAT 的作用是进行读/写端口引脚的信息，例如，若端口 E 的 GPE0 配置为输出时，向端口 E 的数据寄存器最低位写入 1 时，GPE0 引脚输出高电平，否则，写入 0 时，GPE0 引脚输出低电平。端口上拉电阻寄存器 GPxUP 确定端口的引脚是否使用内部上拉电阻，注意：端口 A 没有端口上拉电阻寄存器。

3.3.1　端口引脚功能介绍

上面提到，每个 GPIO 端口的引脚功能均是多功能的，具体的引脚功能请参考主教材《嵌入式系统原理及接口技术》的第 6 章。在本章实验示例中，由于用到 GPIO 端口 C 的若干引脚，因此，在此具体介绍 GPIO 端口 C 的引脚功能。

端口 C 的 I/O 引脚共有 16 条，每条引脚的功能如表 3-1 所示。

表 3-1　端口 C 的引脚功能

引 脚 标 号	功能 1	功能 2	功能 3
GPC15	普通输入/输出	VD7	—
GPC14	普通输入/输出	VD6	—
GPC13	普通输入/输出	VD5	—
GPC12	普通输入/输出	VD4	—
GPC11	普通输入/输出	VD3	—
GPC10	普通输入/输出	VD2	—
GPC9	普通输入/输出	VD1	—

续表

引　脚　标　号	功能 1	功能 2	功能 3
GPC8	普通输入/输出	VD0	—
GPC7	普通输入/输出	LCDVF2	—
GPC6	普通输入/输出	LCDVF1	—
GPC5	普通输入/输出	LCDVF0	—
GPC4	普通输入/输出	VM	—
GPC3	普通输入/输出	VFRAME	—
GPC2	普通输入/输出	VLINE	—
GPC1	普通输入/输出	VCLK	—
GPC0	普通输入/输出	LEND	—

　　端口 C 的引脚有 2 种功能,第 1 种功能是作为普通的输入/输出信号线,第 2 种功能主要是用作彩色 LCD 显示器接口的控制信号线以及数据信号线。

3.3.2　端口的控制寄存器介绍

　　端口控制寄存器的作用是用来设置端口引脚功能,如 GPCCON 是端口 C 的控制寄存器,用来设置端口 C 中每个 GPIO 引脚的功能。它是可读/写的,其地址为: 0x56000020,复位后的初值为 0x0。GPCCON 寄存器的具体格式如表 3-2 所示。

表 3-2　GPCCON 寄存器的格式

符　　号	位	描　　　　　述		初 始 状 态
GPC15	[31:30]	00＝输入	01＝输出	00
		10＝VD7	11＝保留	
GPC14	[29:28]	00＝输入	01＝输出	00
		10＝VD6	11＝保留	
GPC13	[27:26]	00＝输入	01＝输出	00
		10＝VD5	11＝保留	
GPC12	[25:24]	00＝输入	01＝输出	00
		10＝VD4	11＝保留	
GPC11	[23:22]	00＝输入	01＝输出	00
		10＝VD3	11＝保留	
GPC10	[21:20]	00＝输入	01＝输出	00
		10＝VD2	11＝保留	
GPC9	[19:18]	00＝输入	01＝输出	00
		10＝VD1	11＝保留	
GPC8	[17:16]	00＝输入	01＝输出	00
		10＝VD0	11＝保留	
GPC7	[15:14]	00＝输入	01＝输出	00
		10＝LCDVF2	11＝保留	

符　号	位	描　　述		初始状态
GPC6	[13:12]	00＝输入	01＝输出	00
		10＝LCDVF1	11＝保留	
GPC5	[11:10]	00＝输入	01＝输出	00
		10＝LCDVF0	11＝保留	
GPC4	[9:8]	00＝输入	01＝输出	00
		10＝VM	11＝保留	
GPC3	[7:6]	00＝输入	01＝输出	00
		10＝VFRAME	11＝保留	
GPC2	[5:4]	00＝输入	01＝输出	00
		10＝VLINE	11＝保留	
GPC1	[3:2]	00＝输入	01＝输出	00
		10＝VCLK	11＝保留	
GPC0	[1:0]	00＝输入	01＝输出	00
		10＝LEND	11＝保留	

　　GPCDAT 是端口 C 数据寄存器,它是可读/写的。当端口 C 为输入功能时,从该寄存器可读取端口 C 连接的外部数据信息;当端口 C 为输出功能时,向该寄存器写入的数据将通过端口 C 输出。其地址为:0x56000024,复位后的初值不确定。GPCDAT 寄存器的具体格式如表 3-3 所示。

表 3-3　GPCDAT 寄存器的格式

符　号	位	描　　述	初始状态
GPC15:0	[15:0]	存放端口 C 的数据	—

　　GPCUP 是端口 C 上拉设置寄存器,它是可读/写的。用来确定端口 C 的 GPIO 引脚是否内部接上拉电阻。其地址为:0x56000028,复位后的初值为 0x0。GPCUP 寄存器的具体格式如表 3-4 所示。

表 3-4　GPCUP 寄存器的格式

符　号	位	描　　述	初始状态
GPC15:0	[15:0]	1＝对应的 GPIO 引脚上拉电阻不使能	0x0000
		0＝对应的 GPIO 引脚上拉电阻使能	

3.3.3　实验程序源码解释

　　本段源程序的功能是利用 GPIO 端口 C 的 GPC5、GPC6、GPC7 引脚来控制 3 个 LED 显示器显示。显示器的控制程序采用 C 语言编写,在 main()函数中实现。目标系统启动时,先执行启动引导程序,然后引导应用程序的 main()函数进行执行。目标系统的硬件电路上,用 GPC5、GPC6、GPC7 引脚控制 3 个 LED 灯的阴极,3 个 LED 灯的阳极通过电阻直接连电源。

该示例利用 ADS 1.2 进行开发时,建立的工程项目主界面如图 3-1 所示。

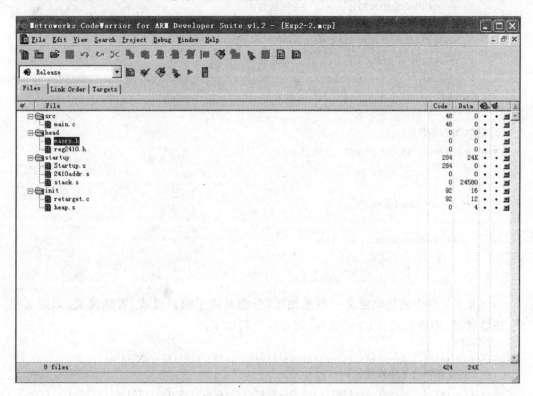

图 3-1　GPIO 用途实验的工程项目主界面

从图 3-1 中可以看到,该工程项目中包含了 2410addr. s、reg2410. h、Startup. s、main. c 等源程序文件。2410addr. s、reg2410. h 文件中定义了 S3C2440 芯片内部寄存器对应的变量,具体代码请参见附录 A。Startup. s 文件中的代码在第 2 章的源代码二中已解释过,此处不再赘述。下面介绍工程项目中的其他文件。

main. c 文件中的 main() 函数代码设计如下:

```
# include <string.h>
# include <stdio.h>
# include "inc/macro.h"
# include "inc/reg2410.h"
void delay(int time1, int time2);
int main(void)
{
    //初始化端口 C 的 GPC5、GPC6、GPC7 的功能为输出
    rGPCCON = (rGPCCON | 0x00005400) & 0xffff57ff;
    //下面是控制 3 个 LED 灯闪烁的语句
    while(1)
```

```
    {
        //下面语句使得 GPC5 输出 0,GPC6、GPC7 输出 1
        rGPCDAT = (rGPCDAT & 0xffdf) | 0x00c0;
        delay(10000,10000);          //延时
        //下面语句使得 GPC5 输出 1,GPC6、GPC7 输出 0
        rGPCDAT = (rGPCDAT & 0xff3f) | 0x0030;
        delay(10000,10000);          //延时
    }
    return 0;
}
//延时用的函数
void delay(int time1,int time2)
{
    int i,j;
    for(i=0;i<time1;i++)
    {
        for(j=0;j<time2;j++);
    }
}
```

stack.s 文件中的代码定义一些堆栈区,分别对应了用户模式、管理模式、未定义模式、IRQ 模式、中止模式、FIQ 模式等,其程序代码如下:

```
;;;;;;;;;;;;;;;;;;;;;;;;;;;;;;;;;;;;;;;;;;;;;;;;;;;;;;;;;;;;;;;;;;;;;
;定义各工作模式下的堆栈区
;;;;;;;;;;;;;;;;;;;;;;;;;;;;;;;;;;;;;;;;;;;;;;;;;;;;;;;;;;;;;;;;;;;;;

            AREA      Stacks, DATA, NOINIT

            EXPORT UserStack
            EXPORT SVCStack
            EXPORT UndefStack
            EXPORT IRQStack
            EXPORT AbortStack
            EXPORT FIQStack

            SPACE     4096
UserStack   SPACE     4096
SVCStack    SPACE     4096
UndefStack  SPACE     4096
AbortStack  SPACE     4096
IRQStack    SPACE     4096
FIQStack    SPACE     4

            END
```

第4章 RS-232 通信接口实验

RS-232 异步串行通信是嵌入式系统中常用的通信方式。所谓的异步串行通信,是指在数据传输时,数据的发送方和接收方所采用的时钟信号源不同,数据比特流以较短的二进制位数为一帧,由发送方发送起始位来标示通信开始后,通信双方在各自的时钟控制下,按照一定的格式要求进行发送和接收。本章实验就是熟悉并掌握 S3C2440 芯片的异步通信接口设计,掌握其 UART 部件的初始化,及发送、接收程序的编写。

4.1 实验目标及要求

本实验通过 1 小段程序,来验证 S3C2440 的 UART 部件功能及特性,从而熟悉并掌握 S3C2440 的 UART 部件使用。具体的实验目的及要求是:

1. 熟悉并掌握 S3C2440 的 UART 部件功能及接口电路设计,了解 RS-232 协议。
2. 熟悉并掌握 UART 部件的相关寄存器格式。
3. 熟悉并掌握 UART 部件寄存器的初始化编程。
4. 熟悉并掌握发送程序和接收程序的编写.

4.2 实验关键点

目前,嵌入式系统的组网方式和协议有许多种,既有异步串行通信的方式,也有同步串行通信的方式;既有复杂的通信协议,也有简单的通信协议。RS-232 协议相对来说是比较简单的,但在嵌入式系统中被广泛使用。

4.2.1 RS-232 协议介绍

异步串行通信接口标准有多种,如 RS-232C、RS-485、RS-422 等。其中,RS-232C 标准是最基础的,RS-485、RS-422 等协议是在其基础上改进而形成的。

RS-232C 标准是美国 EIA(电子工业联合会)与 BELL 等公司一起开发的,于 1969

年公布的串行通信协议,它适合数据传输速率要求不高的场合。它对串行通信接口的有关问题,如信号线功能、电气特性都做了明确规定。它的数据格式的特点是一个字符一个字符的传输,并且传送一个字符时总是以起始位开始,以停止位结束,字符之间没有固定的时间间隔要求。其格式如图 4-1 所示。

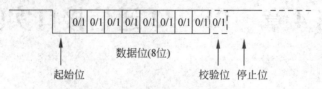

图 4-1　异步通信的数据格式

如图 4-1 所示,每一个字符的前面都有一位起始位(低电平,逻辑值为 0),字符本身由 5~8 位数据位组成,接着字符后面是 1 位校验位(也可以没有校验位),最后是 1 位,或 2 位停止位,停止位后面是不定长度的空闲位。停止位和空闲位都规定为高电平(逻辑值为 1),这样就保证起始位开始处一定有一个下跳边沿。字符的界定或同步是靠起始位和停止位来实现,传送时,数据的低位在前,高位在后。

异步串行通信中,起始位是作为联络信号附加进来的。当信号线上电平由高变为低时,告诉接收方传送开始,接下来是数据位信号,准备接收。而停止位标志着一个字符传输的结束。这样就为通信双方提供了何时开始传输,何时结束的同步信号。

由于通信中不可避免地会产生数据传输出错,因此,通信系统中需要校错、纠错的方法,以提高通信的可靠性。异步串行通信中常采用奇偶校验来进行校错。

奇偶校验是在发送时,每个数据之后均附加一个奇偶校验位。这个奇偶校验位可为"1"或0,以保证整个数据帧(包括奇偶校验位在内)为"1"的个数为奇数(称奇校验)或偶数(称偶校验)。接收时,按照协议所确定的、与发送方相同的校验方法,对接收的数据帧进行奇偶性校验。若发送方和接收方的奇偶性不一致,则表示通信传输中出现差错。例如,若发送方按偶校验产生校验位,接收方也应按偶校验进行校验,当发现接收到的数据帧中为"1"的个数不为偶数时,表示通信传输出错,则需按协议由软件采用补救措施。

在异步串行通信中,每传输一帧数据进行奇偶校验一次,它只能检测到那种影响奇偶性的奇数个位的错误,对于偶数个位的错误无法检测到。并且不能具体确定出错的位,因而也无法纠错。但是,这种校错方法简单,在异步串行通信中经常采用。

串行通信中,一个重要的性能指标是通信速率,即数据线上每秒钟传送的码元数,其计量单位为波特,1 波特=1 位/秒(即 1bps)。串行数据线上的每位信息宽度(即持续时间)是由波特率确定的。

RS-232C 标准中的其他规定请参考主教材《嵌入式系统原理及接口技术》的第 8 章相关内容。

4.2.2　UART 部件寄存器

S3C2440 芯片内部集成有 3 个异步串行通信部件(即 UART 部件),分别称为

UART0、UART1、UART2。它们是相互独立的,每个 UART 部件内部包含一个波特率产生器、一个传送器、一个接收器和一个控制单元。UART 部件可编程设定其波特率,停止位(1 位停止位或 2 位停止位),数据宽度(即数据位是 5 位、6 位、7 位或 8 位的),以及奇偶校验位。采用系统时钟时,可支持的最高速率为 115 200bps。

S3C2440 芯片的 UART 部件,在启动工作前都必须初始化设置一些控制寄存器。下面介绍一些主要的寄存器格式,其他寄存器格式请参见 S3C2440 芯片用户手册。

线路控制寄存器 ULCONn 共有 3 个:ULCON0、ULCON1、ULCON2。每个 UART 部件分别对应 1 个,均是可读/写的,地址分别为 0x50000000、0x50004000、0x50008000,复位后的初值均为 0x0。ULCONn 寄存器的作用是用来设定通信数据格式中需要确定的数据宽度、停止位以及奇偶校验位等。具体格式如表 4-1 所示。

表 4-1 ULCONn 寄存器的格式

符 号	位	描 述	初 始 状 态
Reserved	[7]	保留	0
Infra-Red Mode	[6]	确定是否采用红外模式 0 = 正常操作模式 1 = 红外传输模式	0
Parity Mode	[5:3]	确定校验类型 0xx = 无校验 100 = 奇校验 101 = 偶校验	000
Stop Bit	[2]	确定停止位数 0 = 1 位停止位 1 = 2 位停止位	0
Word Length	[1:0]	确定数据位数 00 = 5 位 01 = 6 位 10 = 7 位 11 = 8 位	00

UCONn 寄存器共有 3 个:UCON0、UCON1、UCON2。每个 UART 接口通道分别对应 1 个,均是可读/写的,地址分别为:0x50000004、0x50004004、0x50008004,复位后的初值均为 0x00。UCONn 寄存器的具体格式如表 4-2 所示。

表 4-2 UCONn 寄存器的格式

位	描 述	初 始 状 态
[15:12]	确定 UART 时钟源选为 FCLK/n 时的分频器值	0000
[11:10]	选择波特率所用的时钟 X0 = PCLK 01 = UCLK 11 = FCLK/n	0
[9]	确定发送中断请求信号的类型 0 = 边沿触发方式 1 = 电平触发方式	0
[8]	确定接收中断请求信号的类型 0 = 边沿触发方式 1 = 电平触发方式	0
[7]	确定接收超时使能 0 = 不使能 1 = 使能	0
[6]	确定接收错误状态使能 0 = 不使能 1 = 使能	0

位	描　　述	初始状态
[5]	确定是否采用回送模式 0＝正常操作模式　　1＝回送模式	0
[4]	确定通信中断信号 0＝正常操作模式　　1＝发送通信中断信号	0
[3:2]	确定将发送数据写入发送缓存区的模式 00＝不能写　　01＝中断请求模式 10＝DMA0(UART0)或 DMA3(UART2)　11＝DMA1(UART1)	00
[1:0]	确定从接收缓存区读出数据的模式 00＝不能读　　01＝中断请求模式 10＝DMA0(UART0)或 DMA3(UART2)　11＝DMA1(UART1)	00

状态寄存器 UTRSTATn 共有 3 个：UTRSTAT0、UTRSTAT1、UTRSTAT2。分别对应 UART0、UART1、UART2,均是只读的,地址分别为 0x50000010、0x50004010、0x50008010,复位后的初值均为 0x6。UTRSTATn 寄存器的具体格式如表 4-3 所示。

表 4-3　UTRSTATn 寄存器的格式

位	描　　述	初始状态
[2]	当传送缓冲区没有合法数据要传送,并且传送移位寄存器为空时,该位自动设置为1。该位为0时,非空	1
[1]	当传送缓冲区为空时,该位自动设置为1。该位为0时,传送缓冲区非空	1
[0]	当接收缓冲区接收到一个数据时,该位自动设置为"1"。该位为"0"时,接收缓冲区为空	0

发送缓冲寄存器 UTXHn 共有 3 个：UTXH0、UTXH1、UTXH2,分别对应 UART0、UART1、UART2,均是只能写入的,需要发送的字节,可写入该寄存器。一旦写入该寄存器即启动发送。但需注意,在写入该寄存器前,通常需要判断 UTRSTATn 寄存器中的位[2]是否为1,为1时才能写入。

接收缓存寄存器 URXHn 共有 3 个：URXH0、URXH1、URXH2。分别对应 UART0、UART1、UART2,均是只读的。该寄存器中存放有接收到的字节,CPU 可以读取。读取时,通常需要判断 UTRSTATn 寄存器中的位[0]是否为1,为1时表示新接收到 1 个字节数据。

4.2.3　实验程序源码解释

本段实验程序完成的功能是先发送"ABCD…Z"共 26 个英文字符,然后进行接收,并把接收到的信息再发送。该示例利用 ADS 1.2 进行开发时,建立的工程项目主界面如图 4-2 所示。

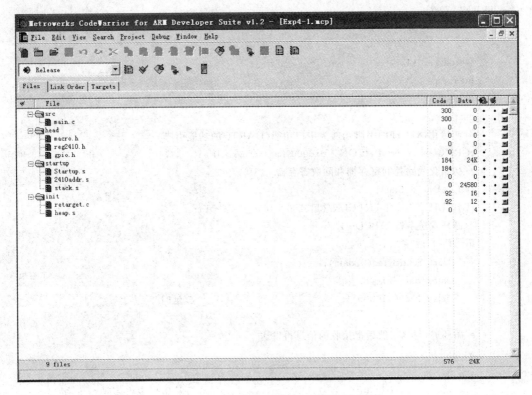

图 4-2　RS-232 通信实验的工程项目主界面

从图 4-2 中可以看到,该工程项目中包含了 2410addr.s、reg2410.h、Startup.s、main.c 等源程序文件。2410addr.s、reg2410.h 文件中定义了 S3C2440 芯片内部寄存器对应的变量,具体代码请参见附录 A。工程项目中 main.c 文件中的程序代码可编写如下:

```
# include <string.h>
# include <stdio.h>
# include "inc/macro.h"
# include "inc/reg2410.h"
# define PCLK    50.7 * 1000000                         //主频率为 50.7MHz
//定义串口 0 的状态寄存器变量
# define rUTRSTAT0    ( * (volatile unsigned * )0x50000010)
//定义串口 0 的发送
# define WrUTXH0(ch)    ( * (volatile unsigned char * )0x50000020)=(unsigned char)(ch)
//定义串口 0 的接收
# define RdURXH0()    ( * (volatile unsigned char * )0x50000024)
# define rULCON0    ( * (volatile unsigned * )0x50000000) //定义串口 0 的线路控制寄存器变量
# define rUBRDIV0    ( * (volatile unsigned * )0x50000028)    //定义串口 0 的除数寄存器变量
void Uart_SendByten(int, U8);
char Uart_Getchn(char * Revdata, int Uartnum, int timeout);
void delay(int time1, int time2);
```

```
int main(void)
{

    U8 data=0x41;
    int i;
    char c1[1];
    char err;
    //初始化端口 H 的引脚功能为串口功能(UART0 的功能引脚)
    rGPHCON = (rGPHCON | 0x000000aa) & 0xffffffaa;
    //初始化线路控制寄存器和除数寄存器
    rULCON0 = 0x03;
    rUBRDIV0 = ((int)(PCLK/(115200 * 16)+0.5)-1);
    //循环发送字符"ABCD…Z"
    for (i=1;i<=26;i++){
        Uart_SendByten(0,data);
        data=data+0x01;
        delay(10000,10000);                              //延时
    }
    //循环进行接收,然后把接收的信息再发送
    while(1)
    {
        err=Uart_Getchn(c1,0,0);                         //从串口接收数据
        Uart_SendByten(0,c1[0]);                         //把接收的数据再通过串口发送
    }
    return 0;
}


//发送函数,参数 com 代表串口,参数 data 是需要发送的字节
void Uart_SendByten(int com ,U8 data)
{
    if (com==0)                                          //com==0 表示 UART0
    {
        while((rUTRSTAT0 & 0x4)!=0x4);                   //判断状态位[2]是否为1
        WrUTXH0(data);
    }
}


//接收函数
char Uart_Getchn(char * Revdata, int com, int timeout)
{
    if(com==0)
    {
        while(!(rUTRSTAT0 & 0x1));                       //判断状态位[0]是否为1
        * Revdata=RdURXH0();
```

```
    }
    return 1;
}


//延时函数
void delay(int time1,int time2)
{
    int i,j;
    for(i=0;i<time1;i++)
    {
        for(j=0;j<time2;j++);
    }
}
```

工程项目中其他文件的代码请参见附录 A。

第5章　RTC部件实验

实时时钟部件 RTC 是用于提供年、月、日、时、分、秒、星期等实时时间信息的定时部件。它通常在系统电源关闭后,由后备电池供电。本章实验将加深对 S3C2440 芯片内部的 RTC 部件工作原理的理解,并掌握 RTC 部件的应用编程。

5.1　实验目标及要求

本实验通过一小段程序,来验证 S3C2440 的 RTC 部件功能及特性,从而熟悉并掌握 S3C2440 的 RTC 部件使用。具体的实验目的及要求是:

1. 熟悉并掌握 S3C2440 的 RTC 部件功能,了解 BCD 码的使用。
2. 熟悉并掌握 RTC 部件的相关寄存器格式。
3. 熟悉并掌握 RTC 部件寄存器的初始化编程。
4. 熟悉并掌握 RTC 部件的日期、时间的读写程序编写。

5.2　实验关键点

RTC 部件实际上就是一个定时器/计数器部件,它对一个外部时钟信号进行计数,然后产生秒、分、时、日、月、年等信息。RTC 部件内部有许多用于控制其操作的寄存器,以及年、月、日、时、分、秒等的数据寄存器。通过编程对这些寄存器进行设定和读取,我们就可以控制 RTC 部件的工作。下面对这些寄存器的格式进行介绍。

5.2.1　内部寄存器介绍

1. RTC 控制寄存器(RTCCON)

RTC 控制寄存器(RTCCON)是可读/写的,地址为 0x57000040,复位后的初值为 0x0。RTCCON 寄存器的具体格式如表 5-1 所示。

表 5-1　RTCCON 寄存器的格式

符　号	位	描　述	初始状态
CLKRST	[3]	确定 RTC 时钟计数器是否复位 1＝复位　0＝不复位	0
CNTSEL	[2]	选择 BCD 码 1＝保留　0＝合并 BCD 码	0
CLKSEL	[1]	选择 BCD 时钟 1＝保留(仅在测试时选择 XTAL 时钟) 0＝XTAL 的 $1/2^{15}$	0
RTCEN	[0]	确定 RTC 使能/不使能 1＝使能　0＝不使能	0

该寄存器只包括 4 位:RTCEN、CLKSEL、CNTSEL、CLKRST。RTCEN 控制 BCD 寄存器读/写使能,同时控制微处理器核和 RTC 间的所有接口的读/写使能。因此,在系统复位后需要对 RTC 内部寄存器进行读/写时该位必须设置为 1。而在其他时间,该位应该被清为 0,以防数据被无意地写入 RTC 寄存器中。

2. 时间片计数器(TICNT)

时间片计数器(TICNT)是可读/写的,地址为 0x57000044,复位后的初值为 0x0。TICNT 寄存器的具体格式如表 5-2 所示。

表 5-2　TICNT 寄存器的格式

符　号	位	描　述	初始状态
TICNT INT ENABLE	[7]	时间片计数器中断使能 1＝使能　0＝不使能	0
TICK TIMECOUNT	[6:0]	时间片计数器的值,范围为 1～127。 该计数器是减 1 计数,在计数过程中不能进行读操作	—

RTC 部件的时间片计时器用于设置计数周期,并可控制是否产生一个中断请求信号,如表 5-2 所示。TICNT 寄存器中的位[7]即是一个中断使能位,位[6:0]组成一个计数值。其计算公式如下:

$$计数周期＝(n＋1)/128s$$

上式中,n 代表时间片计数器中的计数值,范围是 1～127。

例如,若计数周期是 0.5s,那么,n 值(计数值)即为 63,TICNT 寄存器中的位[6:0]的值即是 0111111B。

当计数器的值变为 0 时,若 TICNT 寄存器中的位[7]值是 1,那么,将引起时间片计时中断。

3. 秒数据寄存器(BCDSEC)

RTC 部件中有年、月、日、时、分、秒等的数据寄存器,用于存放日期及时间的数值。若 RTCCON 寄存器中的位[2]值是 0 时,这些数据寄存器中的值是按照合并 BCD 码形式存放。下面仅以秒数据寄存器为例来介绍其格式,其他数据寄存器格式均类似,它们的详细介绍可参考主教材《嵌入式系统原理及接口技术》的第 7 章。

秒数据寄存器(BCDSEC)是可读/写的,用来存储当前时间的秒数据(合并 BCD 码格式)。其地址为 0x57000070,复位后的初值不确定。BCDSEC 寄存器的具体格式如表 5-3 所示。

表 5-3　BCDSEC 寄存器的格式

符　号	位	描　　述	初始状态
SECDATA	[6:4]	秒数据十位的 BCD 码值,范围为 0~5	—
	[3:0]	秒数据个位的 BCD 码值,范围为 0~9	

RTC 部件中还有其他一些寄存器,它们的具体格式请参考主教材《嵌入式系统原理及接口技术》的第 7 章。

5.2.2　BCD 码介绍

所谓 BCD 码(Binary-Coded Decimal)即是二-十进制码,是一种用 4 位二进制数来表示 1 位十进制数的编码。RTC 部件中所用到的 BCD 码形式如表 5-4 所示。

表 5-4　BCD 码的二进制数和十进制数的对应关系

二进制数	十进制数	二进制数	十进制数
0000	0	0001	1
0010	2	0011	3
0100	4	0101	5
0110	6	0111	7
1000	8	1001	9

合并 BCD 码是指在一个字节中表示 2 位 BCD 码。如十进制数 28,用合并 BCD 码表示即为 00101000B。

由于合并 BCD 码在一个字节中存储了 2 位十进制数,因此对 RTC 部件中的年、月、日、时、分、秒等数据寄存器进行读写时,一定要注意进行必要的转换。具体的转换编程将在实验程序源码中体现。

5.2.3　实验程序源码解释

本段实验程序完成的功能是读取 RTC 部件中的秒数据,然后通过 UART0 串口进行发送,以便于观察秒数据。该示例利用 ADS 1.2 进行开发时,建立的工程项目主界面如图 5-1 所示。

从图 5-1 中可以看到,该工程项目中包含了 2410addr.s、reg2410.h、Startup.s、main.c 等源程序文件。2410addr.s、reg2410.h 文件中定义了 S3C2440 芯片内部寄存器对

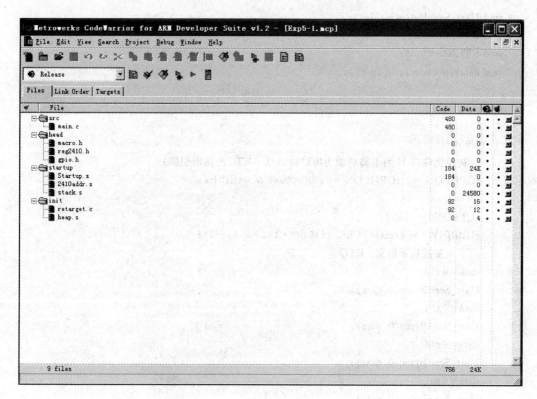

图 5-1　RTC 部件实验的工程项目主界面

应的变量。工程项目中头文件等的具体代码请参见附录 A。下面对工程项目中 main. c 文件中的程序代码解释如下：

```
#include <string.h>
#include <stdio.h>
#include "inc/macro.h"
#include "inc/reg2410.h"


#define PCLK    50.7 * 1000000
#define rUTRSTAT0    (*(volatile unsigned *)0x50000010)    //定义串口 0 的状态寄存器变量
//定义串口 0 的发送
#define WrUTXH0(ch)    (*(volatile unsigned char *)0x50000020)=(unsigned char)(ch)
//定义串口 0 的接收
#define RdURXH0()    (*(volatile unsigned char *)0x50000024)
#define rULCON0    (*(volatile unsigned *)0x50000000)    //定义串口 0 的线路控制寄存器变量
#define rUBRDIV0    (*(volatile unsigned *)0x50000028)    //定义串口 0 的除数寄存器变量

#define rRTCCON    (*(volatile unsigned *)0x57000040)    //定义 RTC 的控制寄存器变量
#define rTICINT    (*(volatile unsigned *)0x57000044)    //定义 RTC 的时间片寄存器变量
#define rBCDSEC    (*(volatile unsigned *)0x57000070)    //定义 RTC 的秒数据寄存器变量
```

```c
void Uart_SendByten(int,U8);
void RTCInit(void);
void RTCRead(void);
void delay(int time1,int time2);

int main(void)
{
    U8 data;
    //初始化端口 H 的引脚功能为串口功能(UART0 的功能引脚)
    rGPHCON = (rGPHCON | 0x000000aa) & 0xffffffaa;

    rULCON0 = 0x03;
    rUBRDIV0 = ((int)(PCLK/(115200 * 16)+0.5)-1);
    //下面发送提示信息: RTC
    data=0x52;
    Uart_SendByten(0,data);
    data=0x54;
    Uart_SendByten(0,data);
    data=0x43;
    Uart_SendByten(0,data);
    data=0xa;                               //换行
    Uart_SendByten(0,data);
    data=0xd;                               //回车
    Uart_SendByten(0,data);
    RTCInit();                              //RTC 初始化
    //下面循环读取 RTC 部件中的秒数据,然后发送
    while(1)
    {
        delay(8000,8000);
        RTCRead();

    }
return 0;
}
//UART0 发送函数
void Uart_SendByten(int com ,U8 data)
{
    if (com==0)                            //com==0 表示 UART0
    {
        while((rUTRSTAT0&0x4)!=0x4);
        WrUTXH0(data);
    }
}
//RTC 初始化函数
```

```
void RTCInit(void)
{
    rRTCCON = 0x00;
    rRTCCON = (U8)(rRTCCON |0x01);
    rTICINT = 0x7f;
    rBCDSEC = 0x0;                                   //初始化秒数据寄存器
    rRTCCON = (U8)(rRTCCON &0xfe);
}
//RTC 中秒数据的读取及发送函数
void RTCRead(void)
{
    U8 data,S;
    rRTCCON = (U8)(rRTCCON |0x01);
    S = rBCDSEC;
    rRTCCON = (U8)(rRTCCON &0xfe);
    //读到的秒信息通过串口发送
    data = (S & 0xf0)/16+0x30;
    Uart_SendByten(0,data);
    data = (S & 0x0f)+0x30;
    Uart_SendByten(0,data);
    data=0xa;                                        //换行
    Uart_SendByten(0,data);
    data=0xd;                                        //回车
    Uart_SendByten(0,data);
}
```

　　上述 RTCRead()函数中,由于秒数据寄存器中存放的秒数据是合并 BCD 码形式,因此,秒数据读取到变量 S 中后,首先通过语句 data = (S & 0xf0)/16+0x30 提出了秒数据的十位数(注:转换该位数字对应的 ASCII 码),然后通过语句 data = (S & 0x0f)+0x30 提出了秒数据的个位数。

第6章 Timer 部件实验

Timer 部件主要是用于提供定时功能、脉宽调制(PWM)功能的部件,它的应用比较灵活,对于需要一定频率的脉冲信号、一定时间间隔的定时信号的应用场合,它都能提供应用支持。本章实验将加深对 Timer 部件的功能理解,掌握 Timer 部件的初始化编程,以及相关的功能编程。

6.1 实验目标及要求

本实验通过一小段程序来验证 S3C2440 的 Timer 部件功能及特性,从而熟悉并掌握 S3C2440 的 Timer 部件使用。具体的实验目的及要求是:

1. 熟悉并掌握 S3C2440 的 Timer 部件功能,了解直流电机的控制。
2. 熟悉并掌握 Timer 部件的相关寄存器格式。
3. 熟悉并掌握 Timer 部件寄存器的初始化编程。
4. 熟悉并掌握 Timer 部件用于控制直流电机的驱动程序编写。

6.2 实验关键点

Timer 部件本质上是计数器,它主要由带有保存当前值的寄存器和当前寄存器值加 1 或减 1 逻辑组成。在应用时,定时器的计数信号是由内部的、周期性的时钟信号承担,以便产生具有固定时间间隔的脉冲信号,实现定时的功能。

S3C2440 芯片内部拥有 5 个 16 位的 Timer 部件,每个 Timer 部件均有它自己的 16 位递减计数器,该计数器通过内部时钟信号驱动进行减 1 计数。当递减计数器的值减为 0 时,可产生定时器中断请求信号,并可在其对应的脉冲输出引脚上输出脉冲信号。控制 Timer 部件的操作,需要编程设定 Timer 部件内部的许多寄存器,下面对这些寄存器的格式进行介绍。

6.2.1 内部寄存器介绍

1. 定时器配置寄存器 0(TCFG0)

定时器配置寄存器 0(TCFG0)是可读/写的,主要用来设置预分频系数。其地址为:0x51000000,复位后的初值为 0x0。TCFG0 寄存器的具体格式如表 6-1 所示。

表 6-1   TCFG0 寄存器的格式

符 号	位	描 述	初始状态
Reserved	[31:24]	保留	0x00
Dead zone length	[23:16]	这 8 位用于确定死区长度,死区长度的 1 个单位等于 Timer0 的定时间隔	0x00
Prescaler 1	[15:8]	这 8 位确定 Timer2、Timer3、Timer4 的预分频器值	0x00
Prescaler 0	[7:0]	这 8 位确定 Timer0、Timer1 的预分频器值	0x00

2. 定时器配置寄存器 1(TCFG1)

定时器配置寄存器 1(TCFG1)是可读/写的,主要用来设置分割器值。其地址为:0x51000004,复位后的初值为 0x0。TCFG1 寄存器的具体格式如表 6-2 所示。

表 6-2   TCFG1 寄存器的格式

符 号	位	描 述	初 始 状 态
Reserved	[31:24]	保留	0x00
DMA mode	[23:20]	选择产生 DMA 请求的定时器。 0000＝不选择(所有采用中断请求) 0001＝Timer0 0010＝Timer1 0011＝Timer2 0100＝Timer3 0101＝Timer4 0110＝保留	0000
MUX4	[19:16]	选择 Timer4 的分割器值。 0000＝1/2 0001＝1/4 0010＝1/8 0011＝1/16 01XX＝外部 TCLK1	0000
MUX3	[15:12]	选择 Timer3 的分割器值。 0000＝1/2 0001＝1/4 0010＝1/8 0011＝1/16 01XX＝外部 TCLK1	0000
MUX2	[11:8]	选择 Timer2 的分割器值。 0000＝1/2 0001＝1/4 0010＝1/8 0011＝1/16 01XX＝外部 TCLK1	0000
MUX1	[7:4]	选择 Timer1 的分割器值。 0000＝1/2 0001＝1/4 0010＝1/8 0011＝1/16 01XX＝外部 TCLK0	0000
MUX0	[3:0]	选择 Timer0 的分割器值。 0000＝1/2 0001＝1/4 0010＝1/8 0011＝1/16 01XX＝外部 TCLK0	0000

通过 TCFG0、TCFG1 的设置,可以确定预分频系数和分割器值,最终通过下面公式计算定时器输入时钟频率。

定时器输入时钟频率= PCLK /(预分频系数+1) / (分割器值)

预分频系数的范围= 0~255

分割器值的取值范围= 2,4,8,16

3. 定时器控制寄存器(TCON)

定时器控制寄存器(TCON)是可读/写的,其地址为 0x51000008,复位后的初值为 0x0。TCON 寄存器的具体格式如表 6-3 所示。

表 6-3 TCON 寄存器的格式

符 号	位	描 述	初 始 状 态
Timer4	[22]	确定 Timer4 的自动装载功能位 1=自动装载 0=一次停止	0
Timer4	[21]	确定 Timer4 的手动更新位 1=更新 TCNTB4 0=不操作	0
Timer4	[20]	确定 Timer4 的启动/停止位 1=启动 0=停止	0
Timer3	[19]	确定 Timer3 的自动装载功能位 1=自动装载 0=一次停止	0
Timer3	[18]	确定 Timer3 的输出反转位 1=TOUT3 反转 0=不反转	0
Timer3	[17]	确定 Timer3 的手动更新位 1=更新 TCNTB3 和 TCMPB3 0=不操作	0
Timer3	[16]	确定 Timer3 的启动/停止位 1=启动 0=停止	0
Timer2	[15]	确定 Timer2 的自动装载功能位 1=自动装载 0=一次停止	0
Timer2	[14]	确定 Timer2 的输出反转位 1=TOUT2 反转 0=不反转	0
Timer2	[13]	确定 Timer2 的手动更新位 1=更新 TCNTB2 和 TCMPB2 0=不操作	0
Timer2	[12]	确定 Timer2 的启动/停止位 1=启动 0=停止	0
Timer1	[11]	确定 Timer1 的自动装载功能位 1=自动装载 0=一次停止	0
Timer1	[10]	确定 Timer1 的输出反转位 1=TOUT1 反转 0=不反转	0
Timer1	[9]	确定 Timer1 的手动更新位 1=更新 TCNTB1 和 TCMPB1 0=不操作	0
Timer1	[8]	确定 Timer1 的启动/停止位 1=启动 0=停止	0
Reserved	[7:5]	保留	000

符　号	位	描　述	初 始 状 态
Dead zone	[4]	确定死区操作位 1＝使能　0＝不使能	0
Timer0	[3]	确定 Timer0 的自动装载功能位 1＝自动装载　0＝一次停止	0
Timer0	[2]	确定 Timer0 的输出反转位 1＝TOUT0 反转　0＝不反转	0
Timer0	[1]	确定 Timer0 的手动更新位 1＝更新 TCNTB0 和 TCMPB0　0＝不操作	0
Timer0	[0]	确定 Timer0 的启动/停止位 1＝启动　0＝停止	0

4. Timer0 计数缓冲寄存器和比较缓冲寄存器(TCNTB0/TCMPB0)

Timer0 计数缓冲寄存器(TCNTB0)是可读/写的,地址为 0x5100000C,复位后的初值为 0x0。Timer0 比较缓冲寄存器(TCMPB0)是可读/写的,地址为 0x51000010,复位后的初值为 0x0。TCNTB0 和 TCMPB0 寄存器具体格式如表 6-4 所示。

表 6-4　TCNTB0/TCMPB0 寄存器的格式

符　号	位	描　述	初 始 状 态
TCNTB0	[15:0]	存放 Timer0 的计数初始值	0x0000
TCMPB0	[15:0]	存放 Timer0 的比较缓冲值	0x0000

5. Timer0 计数观察寄存器(TCNTO0)

Timer0 计数观察寄存器(TCNTO0)是只读的,其地址为 0x51000014。复位后的初值为 0x0。TCNTO0 寄存器的具体格式如表 6-5 所示。

表 6-5　TCNTO0 寄存器的格式

符　号	位	描　述	初 始 状 态
TCNTO0	[15:0]	存放 Timer0 的当前计数值	0x0000

定时器通道 Timer1、Timer2、Timer3 的计数缓冲寄存器(TCNTBn)、比较缓冲寄存器(TCMPBn)、计数观察寄存器(TCNTOn)与 Timer0 对应的寄存器格式相同。地址分别为: 0x51000018 (TCNTB1)、0x5100001C (TCMPB1)、0x51000020 (TCNTO1);0x51000024(TCNTB2)、0x51000028(TCMPB2)、0x5100002C(TCNTO2);0x51000030(TCNTB3)、0x51000034(TCMPB3)、0x51000038(TCNTO3)。Timer4 没有比较缓冲寄存器,但有计数缓冲寄存器(TCNTB4)和计数观察寄存器(TCNTO4),寄存器格式与Timer0 对应的寄存器格式相同,地址分别为 0x5100003C (TCNTB4)、0x51000040(TCNTO4)。

6.2.2 直流电机转速控制原理介绍

直流电机的转速控制(即直流电机调速)通常是采用 PWM 调速原理。所谓 PWM，是指脉冲宽度调制，它是通过改变脉冲信号的占空比(即脉冲宽度)从而来改变信号电压或功能的一种方式。直流电机的 PWM 调速原理就是通过改变输出给电机电枢信号的脉冲宽度，从而改变输出到电枢电压的幅值，实现改变直流电机的转速。

利用 S3C2440 的 Timer 部件，可以非常方便地实现 PWM 调速控制。通过 Timer 部件的 TCNTBn 寄存器来确定 PWM 脉冲的频率，TCMPBn 寄存器来确定 PWM 脉冲的宽度，并且 TCMPBn 寄存器新写入的值影响的将是 PWM 脉冲下一个周期的宽度。如图 6-1 所示。若要得到一个较高的 PWM 脉宽输出值，需增加 TCMPBn 的值。若要得到一个较低的 PWM 脉宽输出值，需减少 TCMPBn 的值。

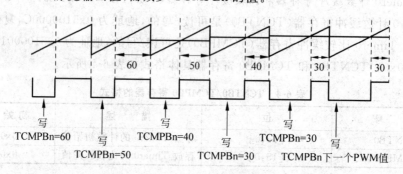

图 6-1 PWM 的脉宽实例

下面的实验示例程序，就是通过 Timer0 部件来对直流电机进行调速。

6.2.3 实验程序源码解释

本段实验程序完成的功能是控制一个直流电机的转速，使直流电机的转速由快到慢的旋转，然后停止。在硬件设计中，采用 Timer0 部件的输出信号引脚 TOUT0 来驱动直流电机。该示例利用 ADS 1.2 进行开发时，建立的工程项目主界面如图 6-2 所示。

从图 6-2 中可以看到，该工程项目中包含了 2410addr.s、reg2410.h、Startup.s、main.c 等源程序文件。2410addr.s、reg2410.h 文件中定义了 S3C2440 芯片内部寄存器对应的变量。工程项目中头文件等的具体代码请参见附录 A。下面对工程项目中 main.c 文件中的程序代码解释如下：

```
# include <string.h>
# include <stdio.h>
# include "inc/macro.h"
# include "inc/reg2410.h"
//定义串口 0 的状态寄存器变量
```

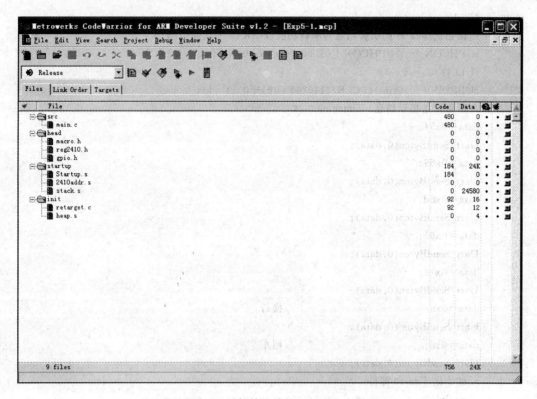

图 6-2 Timer 部件实验的工程项目主界面

```
# define rUTRSTAT0    ( * (volatile unsigned * )0x50000010)
//定义串口 0 的发送
# define WrUTXH0(ch)    ( * (volatile unsigned char * )0x50000020)=(unsigned char)(ch)
//定义串口 0 的接收
# define RdURXH0()    ( * (volatile unsigned char * )0x50000024)
                                        //定义串口 0 的线路控制寄存器变量
# define rULCON0    ( * (volatile unsigned * )0x50000000)
//定义串口 0 的除数寄存器变量
# define rUBRDIV0    ( * (volatile unsigned * )0x50000028)
//定义几个常量,包括系统主频率值等
# define PCLK (50700000)
# define MOTOR_SEVER_FRE        1000    //20kHz
# define MOTOR_CONT             (PCLK/2/2/MOTOR_SEVER_FRE)
# define MOTOR_MID              (MOTOR_CONT/2)


void TimerInit(void);
void Uart_SendByten(int, U8);
void delay(int time1, int time2);


int main(void)
{
```

```
        U8 data;
        //初始化端口 H 的引脚功能为串口功能(UART0 的功能引脚)
        rGPHCON = (rGPHCON | 0x000000aa) & 0xffffffaa;
        rULCON0 = 0x03;
        rUBRDIV0 = ((int)(PCLK/(115200 * 16)+0.5)-1);
        //下面发送提示信息: Timer
        data=0x54;
        Uart_SendByten(0,data);
        data=0x69;
        Uart_SendByten(0,data);
        data=0x6d;
        Uart_SendByten(0,data);
        data=0x65;
        Uart_SendByten(0,data);
        data=0x72;
        Uart_SendByten(0,data);
        data=0xa;                        //换行
        Uart_SendByten(0,data);
        data=0xd;                        //回车
        Uart_SendByten(0,data);
        //初始化 Timer0 部件
        TimerInit();
        //下面控制直流电机的转速由快到慢,然后停止
        while(1)
        {
            delay(10,10);
            //调节脉冲宽度,即改变比较缓冲寄存器 TCMPB0 中的值,以实现电机调速
            rTCMPB0 = MOTOR_MID - MOTOR_CONT/2;
            delay(10000,10000);          //延时
            rTCMPB0 = MOTOR_MID - MOTOR_CONT/4;
            delay(10000,10000);
            rTCMPB0 = MOTOR_MID - MOTOR_CONT/8;
            delay(10000,10000);
            rTCMPB0 = MOTOR_MID - MOTOR_CONT/16;
            delay(10000,10000);
            rTCMPB0 = MOTOR_MID - 0;
            delay(10000,10000);
            for(;;);
        }
        return 0;
    }
    //Timer0 部件的初始化函数
    void TimerInit()
    {
```

```
    //初始化端口 B 的引脚功能为 Tout1、Tout0 的功能
    rGPBCON = (rGPBCON & 0x3ffff0) | 0xa;
    //Dead Zone=24, PreScalero1=2;
    rTCFG0=(0<<16)|2;
    //divider timer0=1/2;
    rTCFG1=0;
    rTCNTB0= MOTOR_CONT;
    rTCMPB0= MOTOR_MID;

    rTCON=0x2;                      //update mode for TCNTB0 and TCMPB0
    rTCON=0x19;                     //timer0 = auto reload, start. Dead Zone
}
//串口发送函数
void Uart_SendByten(int com ,U8 data)
{
    if (com==0)                    //com==0 表示 UART0
    {
        while((rUTRSTAT0&0x4)!=0x4);
        WrUTXH0(data);
    }
}
```

提 高 篇

第7章 启动引导程序实验

系统启动引导程序是目标系统硬件加电或复位后执行的第一段程序代码,它通常被安排在系统复位异常向量地址处。例如,在一个基于 S3C2440 芯片的嵌入式系统中,复位异常向量地址是 0x00000000,也就是说,当该嵌入式系统加电或复位时,系统从 0x00000000 处开始执行系统启动引导程序。因此,系统执行的第一条指令应存放在 0x00000000 地址处。在前面的实验示例程序中,也具有启动引导程序,但均没有详细介绍。本章实验将详细分析启动引导程序的功能,使学生掌握启动引导程序编程。

7.1 实验目标及要求

本实验通过 1 个启动引导程序示例,来说明基于 S3C2440 芯片为核心的嵌入式系统,其启动引导程序如何编写,从而熟悉并掌握启动引导程序的编写方法。具体的实验目的及要求是:

1. 熟悉启动引导程序的功能。
2. 了解 S3C2440 芯片的体系结构,重点是其异常机制、堆栈控制。
3. 熟悉并掌握异常向量表的设置。
4. 熟悉并掌握堆栈指针的设置。
5. 熟悉并掌握应用程序主函数的引导。
6. 了解操作系统(如 Linux)的引导。

7.2 实验关键点

启动引导程序是依赖于具体硬件环境的,除了依赖于微处理器的体系结构外,还依赖于具体的板级硬件配置。也就是说,对两块不同的嵌入式系统板而言,即使它们采用的微处理器是相同的,它们的启动引导程序也会不同。在一块板子上运行正常的系统引导程序,要想移植到另一块板子上,也必须进行必要的修改。

虽然说启动引导程序是结合应用环境来编写的,不同的环境下,对启动引导程序的

功能需求会不一样,但是,通常情况下,以 S3C2440 芯片为核心的启动引导程序需完成以下功能:

- 设置异常向量表。
- 关看门狗定时器,关中断。
- 有时需要设置系统微处理器的速度和时钟频率。
- 设置好堆栈指针。系统堆栈初始化取决于用户使用哪些异常,以及系统需要处理哪些错误类型。一般情况下,管理模式堆栈必须设置;若使用了 IRQ 中断,则 IRQ 中断堆栈必须设置。
- 如果系统应用程序是运行在用户模式下,可在系统引导程序中将微处理器的工作模式改为用户模式并初始化用户模式下的堆栈指针。
- 若系统使用了 DRAM 或其他外设,需要设置相关寄存器,以确定其刷新频率、总线宽度等信息。
- 初始化所需的存储器空间。为正确运行应用程序,在初始化期间应将系统需要读写的数据和变量从 ROM 复制到 RAM 中;一些要求快速响应的程序,如中断处理程序,也需要在 RAM 中运行;如果使用 Flash,对 Flash 的擦除和写入操作也一定要在 RAM 中运行。ARM 公司软件开发工具包中的连接器提供了分布装载功能,可以实现这一目的。
- 跳转到 C 程序的入口点。

下面以一段启动引导程序代码为例,来说明启动引导程序的编写。该示例利用 ADS 1.2 进行开发时,建立的工程项目主界面如图 7-1 所示。

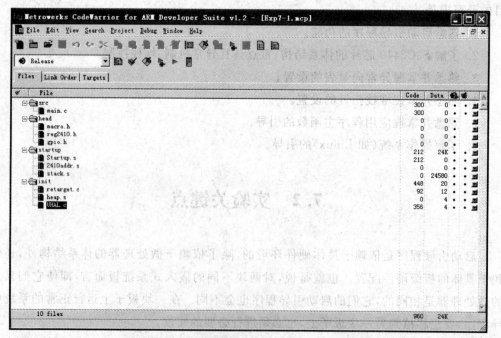

图 7-1　启动引导程序实验的工程项目主界面

虽然在前面章节的每个示例程序中,均有启动引导程序,但这些启动引导程序的功能设计得较简单,对异常向量表的设置、把应用程序引导到用户模式下执行等功能设计得较简单。而本章的启动引导程序示例,设计得相对复杂些,完成的功能包括:异常向量表的设置、关看门狗部件和中断部件、设置各工作模式下的堆栈指针、进入用户模式下引导应用程序主函数 main()。启动引导程序的具体代码解释如下:

```
        GET 2440addr.s
; 定义了部分常量,对应的是工作模式控制字
        USERMODE      EQU   0x10
        FIQMODE       EQU   0x11
        IRQMODE       EQU   0x12
        SVCMODE       EQU   0x13
        ABORTMODE     EQU   0x17
        UNDEFMODE     EQU   0x1b
        MODEMASK      EQU   0x1f
        NOINT         EQU   0xc0


        I_Bit         *     0x80
        F_Bit         *     0x40
```

;AREA 指示符的作用是指示汇编器汇编一段新的代码,为保证下面的代码为起始代码,还应该在 ARM 公司所提供的开发工具软件(如 ADS 1.2)所包含的连接器 layout 选项中设置相关参数 Startup.o (Init) ,或用 scatter 格式的描述性文件来进行说明。详细设置请见 1.3 节。

```
        AREA    Init,CODE,READONLY
```

;IMPORT 指示符的作用是提供汇编器在当前汇编程序中未曾定义的符号名。如下面的符号: Enter_UNDEF、Enter_SWI、…、Enter_FIQ 等。这些符号对应的是相关异常处理程序的入口。

```
        IMPORT   Enter_UNDEF
        IMPORT   Enter_SWI
        IMPORT   Enter_PABORT
        IMPORT   Enter_DABORT
        IMPORT   Enter_FIQ
```

;下面 ENTRY 指明了程序的入口,在应用程序中有且只有一个程序入口。

```
        ENTRY
```

;下面是异常向量表,第一条语句是复位异常对应的跳转指令。

```
        B  ColdReset              ;复位
        B  Enter_UNDEF            ;未定义指令错误
        B  Enter_SWI              ;软件中断
        B  Enter_PABORT           ;预取指令错误
        B  Enter_DABORT           ;数据存取错误
        B  .                      ;一个保留的中断向量
        B  IRQ_Handler            ;IRQHandler
        B  Enter_FIQ              ;FIQHandler
```

;IRQ 异常产生后的处理。本示例程序中未给出其他异常产生后的处理程序

```
            EXPORT    IRQ_Handler
IRQ_Handler
            IMPORT  ISR_IrqHandler
            STMFD   sp!, {r0-r12, lr}    ;压栈,保护相应的寄存器
            BL   ISR_IrqHandler
            LDMFD   sp!, {r0-r12, lr}    ;出栈
            SUBS  pc, lr,   #4           ;异常处理完后返回


;系统上电或复位后(即复位异常产生后)跳转到此处开始进行运行
            EXPORT ColdReset
ColdReset
;关看门狗定时器
            LDR    R0, =WTCON
            LDR    R1, =0x0
            STR    R1,[R0]
;关所有中断
            LDR   R0, =INTMSK
            LDR   R1, =0xffffffff
            STR    R1,[r0]
            LDR   R0, =INTSUBMSK
            LDR   R1, =0x7ff              ;关闭所有子中断源
            STR    R1,[r0]
;初始化堆栈,使用了带链接的分支指令,跳转到堆栈指针设置子程序中
            BL     InitStacks


;下面引导 C 语言的主函数
            ORR     R1,R0, #USERMODE|NOINT
            MSR    CPSR_cxsf,R1          ;设置工作模式为用户模式
            LDR     SP, =UserStack


            IMPORT   main
            BL    main                   ;转移到用户 C 语言的主函数
            B  .


;下面是初始化堆栈的子函数
            IMPORT UserStack
            IMPORT SVCStack
            IMPORT UndefStack
            IMPORT IRQStack
            IMPORT AbortStack
            IMPORT FIQStack
InitStacks
            MRS  R0, CPSR
            BIC    R0,R0, #MODEMASK
```

```
ORR    R1,R0,# UNDEFMODE|NOINT
MSR    CPSR_cxsf,R1          ;设置工作模式为未定义模式
LDR    SP,= UndefStack


ORR    R1,R0,# ABORTMODE|NOINT
MSR    CPSR_cxsf,R1          ;设置工作模式为中止模式
LDR    SP,= AbortStack


ORR    R1,R0,# IRQMODE|NOINT
MSR    CPSR_cxsf,R1          ;设置工作模式为 IRQ 模式
LDR    SP,= IRQStack


ORR    R1,R0,# FIQMODE|NOINT
MSR    CPSR_cxsf,R1          ;设置工作模式为 FIQ 模式
LDR    SP,= FIQStack


ORR    R1,R0,# SVCMODE|NOINT
MSR    CPSR_cxsf,R1          ;设置工作模式为管理模式
LDR    SP,= SVCStack


MOV        PC,LR             ;子程序返回
END                          ;Stratup.s 程序结束
```

在上述程序代码中,ENTRY 指明了程序的入口。因为,ARM920T 要求中断向量表必须设置在从 0x00000000 地址开始,连续 8×4 字节的空间中,因此,在 ENTRY 的后面紧接着 8 条跳转指令,分别对应复位、未定义指令错误、软件中断、预取指令错误、数据存取错误、一个保留的中断向量、IRQ 和 FIQ 等异常的处理。

系统上电或复位后,首先执行的是"B ColdReset"指令,系统跳转到标号为 ColdReset 处接着执行,在完成了关看门狗定时器、关中断、初始化各模式的堆栈、初始化存储器等功能后,执行指令"BL main"跳转到 C 语言的主函数处执行,即引导用户应用程序的主函数。在引导应用程序的主函数前,先把工作模式切换到用户模式下,并对该模式下的堆栈指针进行初始化。这样,应用程序就被引导到用户模式下进行执行。

工程项目中的其他文件代码请参见"附录 A"。

第8章　中断机制实验

中断处理是嵌入式系统设计时,经常遇到的一个问题,特别是在实时性能要求高的应用场合。通常,在实时性能要求高的应用场合,当"紧急事件"产生后,需要打断 CPU 正在执行的程序,转去执行"紧急事件"的处理程序,这样可以提高对"紧急事件"处理的实时性。下面以 S3C2440 芯片为背景来介绍中断处理的编程方法。

8.1　实验目标及要求

本实验通过 1 个中断处理的示例程序,来说明基于 S3C2440 芯片为核心的嵌入式系统的中断处理程序如何编写,从而熟悉并掌握中断处理程序的编写方法。具体的实验目的及要求是:

1. 熟悉 ARM9 微处理器核的中断处理机制。
2. 了解 S3C2440 芯片的中断控制结构及相关中断控制寄存器。
3. 熟悉并掌握中断初始化程序编写。
4. 熟悉并掌握 S3C2440 芯片中断源识别的编程。
5. 熟悉并掌握中断服务程序编写。

8.2　实验关键点

不同的 CPU,其中断处理机制会有所不同。但不管是那种中断处理机制,其最终是要控制 CPU 能正确的进入中断服务程序并执行它,然后再正确地返回到被中断的程序中继续执行。下面具体对 S3C2440 芯片的中断机制进行介绍,然后结合该机制,给出一个具体的中断编程示例。

8.2.1　S3C2440 芯片中断机制

S3C2440 芯片的中断系统分成两级,如图 8-1 所示。一级是控制芯片内部 I/O 部件、或者芯片外部中断引脚(EINTn)的中断请求信号；另一级是 ARM920T 核的异常控制。换句话说，当 I/O 部件或者芯片外部中断引脚产生中断请求信号后，第一级中断控制系统将响应并处理这些中断请求信号，然后，选择其中最高优先级的中断请求信号，向第二级(即：ARM920T 核的异常控制)提出申请，以便由 ARM920T 核进行异常响应和处理。

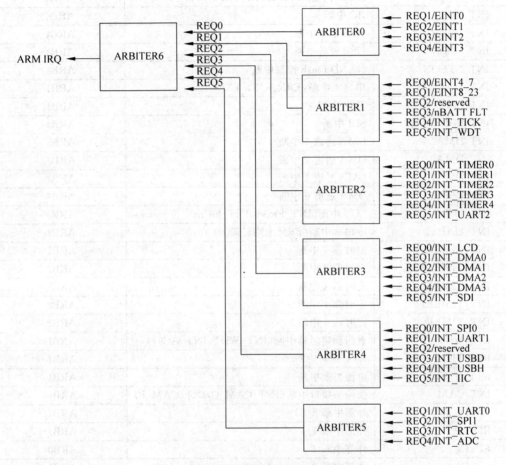

图 8-1   S3C2440 芯片的中断系统示意图

S3C2440 芯片中的中断控制系统可以支持 60 个中断源提出的中断请求，如表 8-1 所示。这些中断源由芯片内部的 I/O 部件如 DMA 控制器、UART、IIC、RTC 等，或者芯片外部中断引脚提供。在这些中断源中，UARTn 中断(串行口中断)和 EINTn 中断(外部中断)对于中断控制器来说都是共用的(如 UART0 的 ERR、RXD、TXD 共用一个中断源)。

当 S3C2440 芯片的内部 I/O 端口或部件提出中断请求，或者芯片外部中断引脚(EINTn)收到中断请求时，中断控制器经过仲裁之后再请求 ARM920T 核的 FIQ 或 IRQ 异常。仲裁过程依赖于硬件优先级逻辑，同时仲裁结果被写入到中断未决寄存器中，该寄存器帮助用户识别中断是由什么中断源产生的。

表 8-1　S3C2440 中断控制器支持的 60 个中断源

中断源名称	描　　述	仲裁判决器
INT_ADC	ADC 结束中断、触摸屏中断	ARB5
INT_RTC	RTC 闹钟中断	ARB5
INT_SPI1	SPI1 中断	ARB5
INT_UART0	串口 0 中断(ERR、RXD、TXD)	ARB5
INT_IIC	IIC 中断	ARB4
INT_USBH	USB 主机中断	ARB4
INT_USBD	USB 设备中断	ARB4
INT_NFCON	NAND Flash 控制中断	ARB4
INT_UART1	串口 1 中断(ERR、RXD、TXD)	ARB4
INT_SPI0	SPI0 中断	ARB4
INT_SDI	SDI 中断	ARB3
INT_DMA3	DMA 通道 3 中断	ARB3
INT_DMA2	DMA 通道 2 中断	ARB3
INT_DMA1	DMA 通道 1 中断	ARB3
INT_DMA0	DMA 通道 0 中断	ARB3
INT_LCD	LCD 中断(INT_FrSyn、INT_FiCnt)	ARB3
INT_UART2	串口 2 中断(ERR、RXD、TXD)	ARB2
INT_TIMER4	定时器 4 中断	ARB2
INT_TIMER3	定时器 3 中断	ARB2
INT_TIMER2	定时器 2 中断	ARB2
INT_TIMER1	定时器 1 中断	ARB2
INT_TIMER0	定时器 0 中断	ARB2
INT_WDT_AC97	看门狗定时器中断(INT_WDT、INT_AC97)	ARB1
INT_TICK	RTC 定时中断	ARB1
nBATT_FLT	电池失效中断	ARB1
INT_CAM	摄像头接口中断(INT_CAM_C、INT_CAM_P)	ARB1
EINT8_23	外部中断 8_23	ARB1
EINT4_7	外部中断 4_7	ARB1
EINT3	外部中断 3	ARB0
EINT2	外部中断 2	ARB0
EINT1	外部中断 1	ARB0
EINT0	外部中断 0	ARB0

　　ARM920T 核用于支持 I/O 端口或部件,或者芯片外部中断的模式有两种:FIQ 异常和 IRQ 异常。所有的中断源应该确定在提出中断请求时使用哪种异常模式,这可以通过中断初始化程序来设定相应的寄存器实现。另外,ARM920T 核内部的程序状态寄存器(CPSR)的 F 位和 I 位用于禁止响应 FIQ 和 IRQ 的中断请求。如果 ARM920T 核中 CPSR 的 F 位被置为 1,则 ARM920T 核不从中断控制器接收 FIQ 模式的中断请求。同样,如果 ARM920T 核中 CPSR 的 I 位被置为 1,则 ARM920T 核不从中断控制器接收 IRQ 模式的中断请求。

S3C2440 的第一级中断控制包含了 5 个相关的控制寄存器分别是源未决寄存器、中断模式寄存器、屏蔽寄存器、优先级寄存器、中断未决寄存器。其中,源未决寄存器和中断未决寄存器是中断请求的状态寄存器,源未决寄存器中保存有所有中断请求信号的请求状态,而中断未决寄存器中保存有优先级最高的中断请求信号的请求状态;中断模式寄存器可以用于设置是 FIQ 模式还是 IRQ 模式等初始信息;屏蔽寄存器用于 60 个中断源的屏蔽或开放,若相应的中断源被屏蔽,那么,即使该中断源产生了中断请求信号,第一级中断控制也不响应;优先级寄存器用于设置 60 个中断源的优先级。这 5 个中断控制寄存器的具体格式请参考主教材《嵌入式系统原理及接口技术》的 5.2.3 节的相关内容。下面仅列出了中断模式寄存器、中断未决寄存器和中断屏蔽寄存器。

1. 中断模式寄存器(INTMOD)

S3C2440 的中断模式有两种:FIQ 模式和 IRQ 模式。32 位的 INTMOD 寄存器中每一位都与一个中断源相关联,确定对应的中断源中断请求采用哪种模式。如果某位被设置成 1,则相应的中断按 FIQ 模式处理。若设置成 0,则按 IRQ 模式处理,该模式又称为普通中断模式。

注意:在 S3C2440 中,只能有一个中断源在 FIQ 模式下处理,既 INTMOD 寄存器中只有一位可以设置为 1。因此,设计者应该将最紧迫的中断源设置为 FIQ 模式使用。如果 INTMOD 寄存器中的某一位中断模式设为 FIQ 模式,则 FIQ 中断既不会影响 INTPND 寄存器也不会影响 INTOFFSET 寄存器。这两个寄存器只对 IRQ 模式下的中断源有效。

INTMOD 寄存器的地址是 0x4a000004,复位初始状态为 0x00000000。该寄存器每位的含义如表 8-2 所示。

表 8-2　INTMOD 寄存器的定义

位	描　　述	初 始 状 态
[31]	确定 INT_ADC 中断模式。0=IRQ;1=FIQ	0
[30]	确定 INT_RTC 中断模式。0=IRQ;1=FIQ	0
[29]	确定 INT_SPI1 中断模式。0=IRQ;1=FIQ	0
[28]	确定 INT_UART0 中断模式。0=IRQ;1=FIQ	0
[27]	确定 INT_IIC 中断模式。0=IRQ;1=FIQ	0
[26]	确定 INT_USBH 中断模式。0=IRQ;1=FIQ	0
[25]	确定 INT_USBD 中断模式。0=IRQ;1=FIQ	0
[24]	确定 INT_NFCON 中断模式。0=IRQ;1=FIQ	0
[23]	确定 INT_UART1 中断模式。0=IRQ;1=FIQ	0
[22]	确定 INT_SPI0 中断模式。0=IRQ;1=FIQ	0
[21]	确定 INT_SDI 中断模式。0=IRQ;1=FIQ	0
[20]	确定 INT_DMA3 中断模式。0=IRQ;1=FIQ	0
[19]	确定 INT_DMA2 中断模式。0=IRQ;1=FIQ	0
[18]	确定 INT_DMA1 中断模式。0=IRQ;1=FIQ	0
[17]	确定 INT_DMA0 中断模式。0=IRQ;1=FIQ	0

位	描 述	初 始 状 态
[16]	确定 INT_LCD 中断模式。0＝IRQ；1＝FIQ	0
[15]	确定 INT_UART2 中断模式。0＝IRQ；1＝FIQ	0
[14]	确定 INT_TIMER4 中断模式。0＝IRQ；1＝FIQ	0
[13]	确定 INT_TIMER3 中断模式。0＝IRQ；1＝FIQ	0
[12]	确定 INT_TIMER2 中断模式。0＝IRQ；1＝FIQ	0
[11]	确定 INT_TIMER1 中断模式。0＝IRQ；1＝FIQ	0
[10]	确定 INT_TIMER0 中断模式。0＝IRQ；1＝FIQ	0
[9]	确定 INT_WDT_AC97 中断模式。0＝IRQ；1＝FIQ	0
[8]	确定 INT_TICK 中断模式。0＝IRQ；1＝FIQ	0
[7]	确定 nBATT_FLT 中断模式。0＝IRQ；1＝FIQ	0
[6]	确定 INT_CAM 中断模式。0＝IRQ；1＝FIQ	0
[5]	确定 IEINT8_23 中断模式。0＝IRQ；1＝FIQ	0
[4]	确定 EINT4_7 中断模式。0＝IRQ；1＝FIQ	0
[3]	确定 EINT3 中断模式。0＝IRQ；1＝FIQ	0
[2]	确定 EINT2 中断模式。0＝IRQ；1＝FIQ	0
[1]	确定 EINT1 中断模式。0＝IRQ；1＝FIQ	0
[0]	确定 EINT0 中断模式。0＝IRQ；1＝FIQ	0

2. 中断屏蔽寄存器(INTMSK)

INTMSK 寄存器也是由 32 位组成,每一位与一个中断源相对应。若某位设置为 1,则中断控制器不会处理该位所对应的中断源提出的中断请求;如果设置为 0,则对应的中断源提出的中断请求可以被处理。即使某屏蔽位设置为 1,其对应的中断源产生中断请求时,相应的源未决位将设置成 1。

INTMSK 寄存器的地址是 0x4a000008,复位初始状态为 0xffffffff。该寄存器每位的含义如表 8-3 所示。

表 8-3 INTMSK 寄存器的定义

位	描 述	初 始 状 态
[31]	确定 INT_ADC 中断屏蔽位。0＝允许中断；1＝屏蔽中断	1
[30]	确定 INT_RTC 中断屏蔽位。0＝允许中断；1＝屏蔽中断	1
[29]	确定 INT_SPI1 中断屏蔽位。0＝允许中断；1＝屏蔽中断	1
[28]	确定 INT_UART0 中断屏蔽位。0＝允许中断；1＝屏蔽中断	1
[27]	确定 INT_IIC 中断屏蔽位。0＝允许中断；1＝屏蔽中断	1
[26]	确定 INT_USBH 中断屏蔽位。0＝允许中断；1＝屏蔽中断	1
[25]	确定 INT_USBD 中断屏蔽位。0＝允许中断；1＝屏蔽中断	1
[24]	确定 INT_NFCON 中断屏蔽位。0＝允许中断；1＝屏蔽中断	1
[23]	确定 INT_UART1 中断屏蔽位。0＝允许中断；1＝屏蔽中断	1
[22]	确定 INT_SPI0 中断屏蔽位。0＝允许中断；1＝屏蔽中断	1
[21]	确定 INT_SDI 中断屏蔽位。0＝允许中断；1＝屏蔽中断	1
[20]	确定 INT_DMA3 中断屏蔽位。0＝允许中断；1＝屏蔽中断	1

位	描 述	初 始 状 态
[19]	确定 INT_DMA2 中断屏蔽位。0＝允许中断；1＝屏蔽中断	1
[18]	确定 INT_DMA1 中断屏蔽位。0＝允许中断；1＝屏蔽中断	1
[17]	确定 INT_DMA0 中断屏蔽位。0＝允许中断；1＝屏蔽中断	1
[16]	确定 INT_LCD 中断屏蔽位。0＝允许中断；1＝屏蔽中断	1
[15]	确定 INT_UART2 中断屏蔽位。0＝允许中断；1＝屏蔽中断	1
[14]	确定 INT_TIMER4 中断屏蔽位。0＝允许中断；1＝屏蔽中断	1
[13]	确定 INT_TIMER3 中断屏蔽位。0＝允许中断；1＝屏蔽中断	1
[12]	确定 INT_TIMER2 中断屏蔽位。0＝允许中断；1＝屏蔽中断	1
[11]	确定 INT_TIMER1 中断屏蔽位。0＝允许中断；1＝屏蔽中断	1
[10]	确定 INT_TIMER0 中断屏蔽位。0＝允许中断；1＝屏蔽中断	1
[9]	确定 INT_WDT_AC97 中断屏蔽位。0＝允许中断；1＝屏蔽中断	1
[8]	确定 INT_TICK 中断屏蔽位。0＝允许中断；1＝屏蔽中断	1
[7]	确定 nBATT_FLT 中断屏蔽位。0＝允许中断；1＝屏蔽中断	1
[6]	确定 INT_CAM 中断屏蔽位。0＝允许中断；1＝屏蔽中断	1
[5]	确定 IEINT8_23 中断屏蔽位。0＝允许中断；1＝屏蔽中断	1
[4]	确定 EINT4_7 中断屏蔽位。0＝允许中断；1＝屏蔽中断	1
[3]	确定 EINT3 中断屏蔽位。0＝允许中断；1＝屏蔽中断	1
[2]	确定 EINT2 中断屏蔽位。0＝允许中断；1＝屏蔽中断	1
[1]	确定 EINT1 中断屏蔽位。0＝允许中断；1＝屏蔽中断	1
[0]	确定 EINT0 中断屏蔽位。0＝允许中断；1＝屏蔽中断	1

3. 中断未决寄存器(INTPND)

INTPND 寄存器是 32 位寄存器,寄存器中的每一位对应一个中断源。只有未被屏蔽且具有最高优先级、在源未决寄存器中等待处理的中断请求可以把其对应的中断未决位置 1。因此,INTPND 寄存器中只有一位可以设置为 1,同时,中断控制器产生 IRQ 信号给 ARM920T 核。在 IRQ 的中断服务例程里,设计者可以读取该寄存器,从而获知哪个中断源被处理。

当 INTPND 寄存器的一个未决位被设置为 1,只要 ARM920T 核内部的状态寄存器 CPSR 中的 I 标志和 F 标志被清零,对应的中断服务例程就可以开始执行。INTPND 寄存器是可读写的,在中断服务例程里面必须清除中断未决位。

像 SRCPND 寄存器一样,在中断服务例程中该寄存器的中断未决位也必须被清除。可以通过写数据到该寄存器来清除 INTPND 寄存器的特定位。数据中的 1 表示该位置的位将清除,而 0 表示该位置的位保持不变。

INTPND 寄存器的地址是 0x4a000010,复位初始状态为 0x00000000。该寄存器每位的含义如表 8-4 所示。

在编程操作 INTPND 寄存器时,应注意以下两点:

- 如果发生了 FIQ 模式的中断,那么 INTPND 寄存器中相应的位将不会置 1,因为 INTPND 寄存器只对 IRQ 模式下的中断有效。

- 清除 INTPND 寄存器的中断未决位时要谨慎。因为，INTPND 寄存器是通过写数据位 1 而对未决位清零的。如果 INTPND 寄存器为 1 的位试图通过写数据位 0 来清除，那么 INTPND 和 INTOFFSET 寄存器在某些情况下可能会具有不可预料的值。因此，切记不要往 INTPND 寄存器中为 1 的位写数据位 0。清除 INTPND 寄存器的未决位最简捷的方法就是将 INTPND 寄存器的值写回到 INTPND 寄存器里。

表 8-4　INTPND 寄存器的定义

位	描　述	初 始 状 态
[31]	确定 INT_ADC 中断请求未决。0＝没有请求；1＝请求	0
[30]	确定 INT_RTC 中断请求未决。0＝没有请求；1＝请求	0
[29]	确定 INT_SPI1 中断请求未决。0＝没有请求；1＝请求	0
[28]	确定 INT_UART0 中断请求未决。0＝没有请求；1＝请求	0
[27]	确定 INT_IIC 中断请求未决。0＝没有请求；1＝请求	0
[26]	确定 INT_USBH 中断请求未决。0＝没有请求；1＝请求	0
[25]	确定 INT_USBD 中断请求未决。0＝没有请求；1＝请求	0
[24]	确定 INT_NFCON 中断请求未决。0＝没有请求；1＝请求	0
[23]	确定 INT_UART1 中断请求未决。0＝没有请求；1＝请求	0
[22]	确定 INT_SPI0 中断请求未决。0＝没有请求；1＝请求	0
[21]	确定 INT_SDI 中断请求未决。0＝没有请求；1＝请求	0
[20]	确定 INT_DMA3 中断请求未决。0＝没有请求；1＝请求	0
[19]	确定 INT_DMA2 中断请求未决。0＝没有请求；1＝请求	0
[18]	确定 INT_DMA1 中断请求未决。0＝没有请求；1＝请求	0
[17]	确定 INT_DMA0 中断请求未决。0＝没有请求；1＝请求	0
[16]	确定 INT_LCD 中断请求未决。0＝没有请求；1＝请求	0
[15]	确定 INT_UART2 中断请求未决。0＝没有请求；1＝请求	0
[14]	确定 INT_TIMER4 中断请求未决。0＝没有请求；1＝请求	0
[13]	确定 INT_TIMER3 中断请求未决。0＝没有请求；1＝请求	0
[12]	确定 INT_TIMER2 中断请求未决。0＝没有请求；1＝请求	0
[11]	确定 INT_TIMER1 中断请求未决。0＝没有请求；1＝请求	0
[10]	确定 INT_TIMER0 中断请求未决。0＝没有请求；1＝请求	0
[9]	确定 INT_WDT_AC97 中断请求未决。0＝没有请求；1＝请求	0
[8]	确定 INT_TICK 中断请求未决。0＝没有请求；1＝请求	0
[7]	确定 nBATT_FLT 中断请求未决。0＝没有请求；1＝请求	0
[6]	确定 INT_CAM 中断请求未决。0＝没有请求；1＝请求	0
[5]	确定 IEINT8_23 中断请求未决。0＝没有请求；1＝请求	0
[4]	确定 EINT4_7 中断请求未决。0＝没有请求；1＝请求	0
[3]	确定 EINT3 中断请求未决。0＝没有请求；1＝请求	0
[2]	确定 EINT2 中断请求未决。0＝没有请求；1＝请求	0
[1]	确定 EINT1 中断请求未决。0＝没有请求；1＝请求	0
[0]	确定 EINT0 中断请求未决。0＝没有请求；1＝请求	0

8.2.2 中断编程模式

在实时性能要求高的场合,通常用中断的方式来控制 I/O 部件的操作。若一个嵌入式系统以 S3C2440 芯片为核心,且其 I/O 端口或部件采用中断方式控制操作时,其编程的内容实际上涉及四部分,即:

(1) 建立系统异常向量表,并且设置 ARM920T 核的程序状态寄存器 CPSR 中的 F 位和 I 位。一般情况下中断均需使用数据栈,因此,还需建立用户数据栈。这一部分内容对应的程序指令,通常编写在系统启动引导程序中,如 7.2 节示例程序中异常向量表的设置部分。

(2) 设置 S3C2440 芯片中 60 个中断源的中断向量。通常需要利用中断未决寄存器或地址偏移寄存器来计算,若某中断号还对应有子中断(如:中断号为 9 时,对应 INT_WDT_AC97),需求出子中断的地址偏移。更通俗地说,就是需要识别 60 个中断源中到底是哪一个中断源引起了中断。

(3) 中断控制初始化。主要是初始化 S3C2440 芯片内部的中断控制寄存器,包括中断模式寄存器、屏蔽寄存器、优先级寄存器等。针对某个具体的中断源,设置其中断控制模式、中断是否屏蔽、中断优先级等。相应的中断控制寄存器格式请参考主教材《嵌入式系统原理及接口技术》5.2.3 节的相关内容。

(4) 完成 I/O 端口或部件具体操作功能的中断服务程序,即针对某个具体中断源,设计该中断产生后需要完成的功能程序。中断服务程序中,在返回之前必须对源未决寄存器(SRCPND)和中断未决寄存器(INTPND)的相应未决位进行清除操作。

上述四部分的程序,第一部分应属于系统引导程序完成的功能。设计者在开发嵌入式系统时若使用的是现成硬件平台,则设计者对第一部分的程序通常不需要进行编写,因为现成的硬件平台已带有系统引导程序,通常也会带有第二部分的函数(即实现 60 个中断源的识别函数),设计者主要需编写的是后二部分的程序,即在其应用程序中,根据应用需要完成中断控制初始化,并编写相关的中断服务程序。但是,对于嵌入式系统平台构建者来说,完整地了解中断的处理过程及其四部分的编程,是非常必要的。

8.2.3 实验程序源码解释

上面提到的中断编程,第一部分(即设置异常向量表)在第 7 章的示例中已经进行了解释,本章示例主要解释其他 3 部分的程序。

本章示例程序完成的功能是利用 RTC 部件产生秒定时中断,秒定时中断产生后,实时地读取时间寄存器中的内容,通过 RS-232 串口发送到 PC 上显示。该示例利用 ADS 1.2 进行开发时,建立的工程项目主界面如图 8-2 所示。

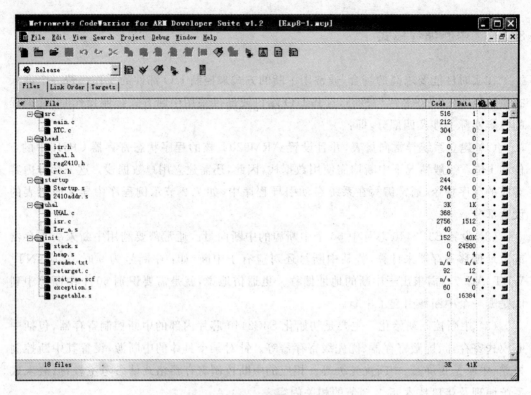

图 8-2　中断机制实验的工程项目主界面

在图 8-2 中,可以看到该工程项目中包含了许多文件,既有头文件、源程序文件,还有配置说明文件等。下面对几个主要的源程序文件中的代码解释如下,其他的头文件、配置文件等请参见附录 A。

(1) 启动引导程序文件 Startup. s 中与中断有关的代码如下(其他代码解释请参见第 7 章示例程序):

```
        IMPORT   Enter_UNDEF
        IMPORT   Enter_SWI
        IMPORT   Enter_PABORT
        IMPORT   Enter_DABORT
        IMPORT   Enter_FIQ


        b    ColdReset
        b    Enter_UNDEF          ; UndefinedInstruction
        b    Enter_SWI            ; syscall_handler or SWI
        b    Enter_PABORT         ; PrefetchAbort
        b    Enter_DABORT         ; DataAbort
        b    .                    ; ReservedHandler
        b    IRQ_Handler          ; 分支到 IRQHandler 处
        b    Enter_FIQ            ; FIQHandler
```

```
;deal with IRQ interrupt
        EXPORT   IRQ_Handler
IRQ_Handler
        IMPORT   ISR_IrqHandler
        STMFD   sp!, {r0-r12, lr}     ;压栈
        BL   ISR_IrqHandler            ;调函数 ISR_IrqHandler
        LDMFD   sp!, {r0-r12, lr}     ;出栈
        SUBS   pc, lr,   #4            ;中断返回
```

(2) 源程序文件 isr.c 中完成 60 个中断源识别的函数 ISR_IrqHandler。

从上面的源代码中可以看到,若某个中断产生后,会引起 ARM9 微处理器核的 IRQ 异常(或 FIQ 异常,下面以引起 IRQ 异常为例来说明)。ARM9 微处理器核进入 IRQ 异常向量地址处执行指令:b IRQ_Handler,然后到 IRQ_Handler 分支处执行。再通过执行指令:BL ISR_IrqHandler 来调用函数 ISR_IrqHandler。下面是该函数的代码:

```c
void ISR_IrqHandler(void)
{
    unsigned int irq=GetISROffsetClr();  //得到中断源对应的序号
    irq=fixup_irq(irq);                    //若有子源中断,则再求子源中断中断序号
    if(irq>=NR_IRQS)
        return;
    if(InterruptFunc[irq].InterruptHandlers==NULL){
        InterruptFunc[irq].ack_irq(irq);  //清未决位
        return;
    }
    InterruptFunc[irq].InterruptHandlers(irq, InterruptFunc[irq].data);
    InterruptFunc[irq].ack_irq(irq);      //清未决位
}
```

函数 ISR_IrqHandler 中用到的结构体定义如下:

```c
typedef struct{
    Interrupt_func_t InterruptHandlers;
    void *  data;
    int valid;                             //设置中断 1=有效 0=无效
    mask_func_t mask;
    mask_func_t unmask;
    mask_func_t ack_irq;
}struct_InterruptFunc;
```

其中对应的成员函数代码分别如下:

```c
//完成源未决寄存器和中断未决寄存器的状态位清零
static void ack_irq(unsigned int irq)
{
    rSRCPND = (1 << irq);
```

```
        rINTPND = (1 << irq);
}
//完成中断屏蔽寄存器置 1,即设置屏蔽位,屏蔽对应中断源
static void mask_irq(unsigned int irq)
{
        rINTMSK |= (1 << irq);
}
//完成中断屏蔽寄存器清 0,即设置允许位,允许对应中断源
static void unmask_irq(unsigned int irq)
{
        rINTMSK &= ~(1 << irq);
}
```

　　函数 ISR_IrqHandler 中还调用了 1 个宏和 1 个函数。宏 GetISROffsetClr 用于获得中断偏移寄存器中的值,该值对应产生中断的中断源序号。函数 fixup_irq 用于获得子中断号,即在源未决寄存器和中断未决寄存器中,有些状态位是对应多个中断源,因此还需要通过子源未决寄存器来获得其对应的中断源序号。其代码编写如下:

```
static unsigned int fixup_irq(int irq) {
        unsigned int ret;
        unsigned long sub_mask, ext_mask;
        switch (irq) {
        case IRQ_UART0:
                sub_mask = rSUBSRCPND & ~rINTSUBMSK;
                ret = get_subIRQ(sub_mask, 0, 2, irq);
                break;
        case IRQ_UART1:
                sub_mask = rSUBSRCPND & ~rINTSUBMSK;
                ret = get_subIRQ(sub_mask, 3, 5, irq);
                break;
        case IRQ_UART2:
                sub_mask = rSUBSRCPND & ~rINTSUBMSK;
                ret = get_subIRQ(sub_mask, 6, 8, irq);
                break;
        case IRQ_ADCTC:
                sub_mask = rSUBSRCPND & ~rINTSUBMSK;
                ret = get_subIRQ(sub_mask, 9, 10, irq);
                break;
        case IRQ_EINT4_7:
                ext_mask = rEINTPEND & ~rEINTMASK;
                ret = get_extIRQ(ext_mask, 4, 7, irq);
                break;
        case IRQ_EINT8_23:
                ext_mask = rEINTPEND & ~rEINTMASK;
```

```
            ret = get_extIRQ(ext_mask, 8, 23, irq);
            break;
        default:
            ret = irq;
        }
        return ret;
    }
```

（3）源程序文件 isr.c 中还包括了中断初始化函数 ISR_Init()，它主要用来设置中断模式，设置是否需要屏蔽某中断源，以及对中断源优先级的设置，并且对函数 ISR_IrqHandler 中用到的结构体进行初始设置。中断初始化函数的代码编写如下：

```
    void ISR_Init(void)
    {
        int irq;
        rINTMOD      = 0x0;                      //设置所有中断为 IRQ 模式
        rINTMSK      = BIT_ALLMSK;               //设置中断屏蔽寄存器
        rINTSUBMSK   = BIT_SUB_ALLMSK;           //设置子中断屏蔽寄存器
        //初始设置结构体中的成员
        for (irq=0; irq < NORMAL_IRQ_OFFSET; irq++) {
            InterruptFunc[irq].valid = 1;
            InterruptFunc[irq].ack_irq = ack_irq;
            InterruptFunc[irq].mask =   mask_irq;
            InterruptFunc[irq].unmask = unmask_irq;
        }
        InterruptFunc[IRQ_RESERVED6].valid  = 0;
        InterruptFunc[IRQ_RESERVED24].valid= 0;
        InterruptFunc[IRQ_EINT4_7].valid= 0;
        InterruptFunc[IRQ_EINT8_23].valid  = 0;
        InterruptFunc[IRQ_EINT0].valid     = 0;
        InterruptFunc[IRQ_EINT1].valid     = 0;
        InterruptFunc[IRQ_EINT2].valid     = 0;
        InterruptFunc[IRQ_EINT3].valid     = 0;
        for (irq=NORMAL_IRQ_OFFSET; irq < EXT_IRQ_OFFSET; irq++) {
            InterruptFunc[irq].valid   = 0;
            InterruptFunc[irq].ack_irq   = EINT4_23ack_irq;
            InterruptFunc[irq].mask    = EINT4_23mask_irq;
            InterruptFunc[irq].unmask   = EINT4_23unmask_irq;
        }
        for (irq=EXT_IRQ_OFFSET; irq < SUB_IRQ_OFFSET; irq++) {
            InterruptFunc[irq].valid   = 1;
            InterruptFunc[irq].ack_irq   = SUB_ack_irq;
            InterruptFunc[irq].mask    = SUB_mask_irq;
            InterruptFunc[irq].unmask   = SUB_unmask_irq;
        }
    }
```

上面的初始化函数 ISR_Init 是针对所有的中断源和子中断源进行了初始设置。初始化函数通常在应用程序的主函数 main()中调用执行一次。而具体到某个中断源时,还需要就该中断源进行初始设置。例如,本示例程序中,需要用 RTC 部件产生 1 秒的中断信号,即每隔 1 秒,产生一次中断。因此,还需编写以下初始化函数(函数 RTC_init 包含在源程序文件 RTC.c 中)。

```
//RTC 部件初始化,并初始化其中断
void RTC_init(void)
{
    //初始化 RTC 相关寄存器
    rRTCCON = (rRTCCON|0x01);
    rRTCALM = 0x00;
    rRTCRST = 0x00;
    rTICINT = 0xff;
    rRTCCON = (rRTCCON&0xfe);
    INTS_OFF();
    SetISR_Interrupt(IRQ_NUM, RTC_TICK_ISR, NULL);   //设置中断服务程序入口
    INTS_ON();                                       //初始化 CPSR 寄存器的中断开放位
}
```

函数 RTC_init 中调用函数 SetISR_Interrupt 用于具体初始设置 RTC 部件的中断,包括开放该中断,清除相应的未决位,设置中断服务程序的句柄等。

```
int SetISR_Interrupt(int vector, void ( * handler)(int, void * ), void * data)
{
    if(vector>NR_IRQS || vector<0)
        return -1;
    if(!InterruptFunc[vector].valid)
        return -1;

    InterruptFunc[vector].ack_irq(vector);              //清未决位
    InterruptFunc[vector].InterruptHandlers = handler;  //设置中断服务程序句柄
    InterruptFunc[vector].data = data;
    InterruptFunc[vector].unmask(vector);               //开放 RTC 的中断
    return 0;
}
```

这些中断初始化函数,通常均在中断产生前执行,并且只执行一次。中断初始化设置好后,就开放了对该中断的响应。当该中断请求信号产生时,即会引起 ARM9 微处理器核的 IRQ 异常,然后 ARM9 微处理器核执行异常处理(即按照异常向量取指令执行),并在函数 ISR_IrqHandler 中具体区分是哪个中断源,再调用其中断服务程序。

(4)中断服务程序完成该中断产生后需要实现的功能。例如,本示例程序中,RTC 每隔 1 秒产生中断后,需要向 PC 发送实时时间,因此其中断服务程序可以编写如下(函

数 RTC_TICK_ISR()包含在源程序文件 RTC.c 中）：

```
static void RTC_TICK_ISR(int vector, void * data)
{
    U8 data1,S=0x00;
    rRTCCON = (U8)(rRTCCON |0x01);
    S = rBCDSEC;
    rRTCCON = (U8)(rRTCCON &0xfe);
    //读到的秒信息通过串口发送
    data1 = (S & 0xf0)/16+0x30;
    Uart_SendByten(0,data1);
    data1 = (S & 0x0f)+0x30;
    Uart_SendByten(0,data1);
    data1=0xa;                          //换行
    Uart_SendByten(0,data1);
    Data1=0xd;                          //回车
    Uart_SendByten(0,data1);
}
```

中断服务程序的编写，是没有固定模式的，需要根据实际要求来编写，上述代码只是一个示例。

（5）该示例程序的主函数 main()包含在源程序文件 main.c 中，其代码编写如下：

```
# include <string.h>
# include <stdio.h>
# include "inc/macro.h"
# include "inc/reg2410.h"
# include "inc/uhal.h"
# include "inc/rtc.h"

# pragma import(__ use_no_semihosting_swi)        // 确保没有使用 semihosting 技术的功能

extern U32 LCDBufferII2[480][640];
extern U8 key,key_flag;

# define PCLK   50.7 * 1000000
//定义串口 0 的线路控制寄存器变量
# define rULCON0   ( * (volatile unsigned * )0x50000028)
//定义串口 0 的除数寄存器变量
# define rUBRDIV0   ( * (volatile unsigned * )0x50000028)
U8 data1;
void Uart_SendByten(int,U8);
int main(void)
{
    ARMTargetInit();                          //完成目标板(基于 ARM 系统)初始化
```

```
//初始化端口 H 的引脚功能为串口功能(UART0 的功能引脚)
rGPHCON = (rGPHCON | 0x000000aa) & 0xffffffaa;

rULCON0 = 0x03;
rUBRDIV0 = ((int)(PCLK/(115200 * 16)+0.5)-1);
//下面发送提示信息：RTC
data1=0x52;
Uart_SendByten(0,data1);
data1=0x54;
Uart_SendByten(0,data1);
data1=0x43;
Uart_SendByten(0,data1);
data1=0xa;                              //换行
Uart_SendByten(0,data1);
data1=0xd;                              //回车
Uart_SendByten(0,data1);

RTC_init();                             //RTC 的初始化

while(1)
{
    //循环等待 RTC 的秒中断
}
return 0;
}
```

第9章　人机接口实验

人机接口指的是显示器、键盘、触摸屏等设备的接口,它们提供了人与嵌入式系统进行信息交互的手段,通过人机接口,人可以给嵌入式系统发送操作指令,嵌入式系统的运行结果也可以通过显示等方式提交给人。本章实验内容将涉及 LED 显示器、非编码式键盘、LCD 显示器等的接口设计方法。

9.1　实验目标及要求

本章实验有 3 个示例程序,分别来练习 LED 显示器、非编码式键盘、LCD 显示器的接口驱动程序设计。实验系统以 S3C2440 芯片为核心,学生通过熟悉 LED 显示器、非编码式键盘、LCD 显示器等的工作原理,从而掌握它们的接口驱动程序的编写方法。具体的实验目的及要求是:

1. 熟悉 LED 显示器、非编码式键盘、LCD 显示器等的工作原理。
2. 了解它们的接口电路。
3. 熟悉并掌握 LED 显示器驱动程序的编写。
4. 熟悉并掌握非编码式键盘驱动程序的编写。
5. 熟悉并掌握 LCD 显示器驱动程序的编写。

9.2　实验关键点

在设计人机接口的驱动程序时,需要对相关外部设备的工作原理了解清楚。下面的实验示例程序在解释前,均先简要介绍相关外部设备的工作原理。

9.2.1　LED 显示器原理

LED 显示器是嵌入式系统中常用的输出设备,特别是 7 段(或 8 段)LED 显示器作为一种简单、经济的显示形式,在显示信息量不大的应用场合,得到广泛的应用。

一个 7 段(或 8 段)LED 显示器是由 7 个(或 8 个)发光二极管按一定的位置排列成
"日"字形(对于 8 段 LED 显示器来说还有一个小数点段),为了适应不同的驱动电路,采
用了共阴极和共阳极两种结构,如图 9-1 所示。

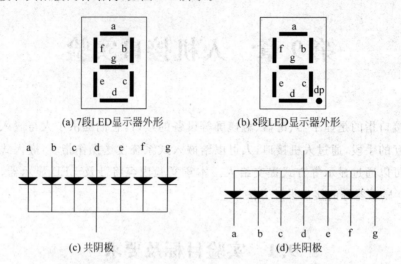

(a) 7段LED显示器外形　　　(b) 8段LED显示器外形

(c) 共阴极　　　(d) 共阳极

图 9-1　一个 7 段(或 8 段)LED 显示器外形图

用一个 7 段(或 8 段)LED 显示器可以显示 0~9 的数字和多种字符(并可带小数
点),为了使 7 段(或 8 段)LED 显示器显示数字或字符,就必须点亮相应的段。例如,要
显示数字"0",则要使 a、b、c、d、e、f 这 6 段亮。在本示例程序所对应的实验平台上,由于
选择了共阳极的 LED 来组成 2 位的 LED 显示器。因此,显示数字"0"的段信号就
是 0xC0。

通常 LED 接口电路设计时,需要用一组(通常是 8 位)GPIO 引脚或其他缓存器芯
片来控制 LED 显示器的段信号。并用一组 GPIO 引脚、或其他缓存器芯片、或直接接
低电平(共阴 LED)、或直接接高电平(共阳 LED)来控制 LED 显示器的位信号。更详
细的 LED 显示器控制原理请参考主教材《嵌入式系统原理及接口技术》的第 9.2 节相
关内容。

9.2.2　LED 显示器驱动编写示例

本示例程序完成的功能是在 2 个 LED 组成的显示器上,循环显示 00~FF 的内容。
本示例中,在 LED 显示器的硬件接口设计时,选用了共阳的 LED,位信号是接到高电平
上。该示例利用 ADS 1.2 进行开发时,建立的工程项目主界面如图 9-2 所示。

从图 9-2 中,可以看到该工程项目中包含了 2410addr.s、reg2410.h、Startup.s、
main.c 等源程序文件。2410addr.s、reg2410.h 文件中定义了 S3C2440 芯片内部寄存器
对应的变量。工程项目中头文件等的具体代码请参见附录 A。下面对工程项目中 main.c
文件中的程序代码解释如下:

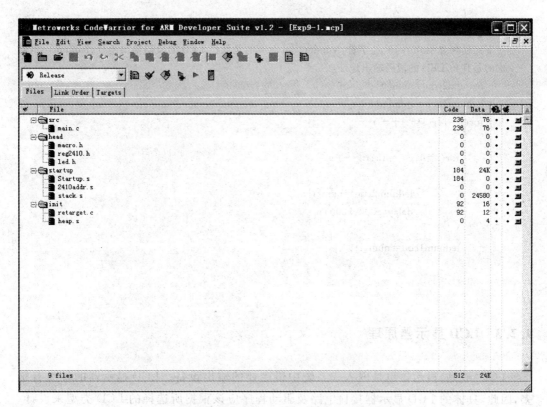

图 9-2　LED 显示实验的工程项目主界面

```
//首先定义段码输出的地址
#define lednum1con  * (volatile unsigned char * )0x08000110
#define lednum2con  * (volatile unsigned char * )0x08000112
void set_lednum(void);
//下面是应用程序的主函数,在主函数中,循环调用函数 set_lednum()来显示字符
int main(void)
{
    while(1){
        set_lednum();
        delay(10000,10000);
    }
    return 0;
}
```

//函数 set_lednum()中先定义了一个数组 num[19],该数组中存储了 0~F 字符对应的段码,段码
是按共阳 LED 求出的。如:字符 3 的段码是 0xb0,字符 5 的段码是 0x92。

```
void set_lednum(void)
{
    int i,j;
        //0   1    2    3    4    5    6    7    8    9    a    b    c    d
    int num[19]={0xc0,0xf9,0xa4,0xb0,0x99,0x92,0x82,0xf8,0x80,0x90,0x88,0x83,0xc6,0xa1,
```

```
//e     f          空
0x86,0x8e,0xbf,0x7f,0xff};
//下面循环显示 00～FF 的字符,lednum2con 对应的是低位 LED 的段码输出地址,lednum1con 对
应的是高位 LED 的段码输出地址
    lednum2con=num[0];
    lednum1con=num[0];
    for(j=1;j<16;j++)
    {
        for(i=0;i<=15;i++)
        {
            lednum2con=num[i];
            delay(5000,5000);
        }
        lednum1con=num[j];
    }
}
```

9.2.3　LCD 显示器原理

LCD(液晶)显示器也是嵌入式系统中最主要的输出设备。LCD 显示器的种类有很多,因此,具体的 LCD 显示器接口电路及驱动程序应该根据所选择的 LCD 类型来设计。本实验示例利用 S3C2440 芯片内部集成的 LCD 控制器,外接驱动器芯片来构建彩色 LCD 显示器的接口电路。

S3C2440 芯片内部的 LCD 控制器,可以支持多种 LCD 显示器。其具体的工作原理请参考主教材《嵌入式系统原理及接口技术》第 9.3 节的相关内容。下面仅介绍几个主要的控制寄存器的格式。

1. LCD 控制寄存器 1(LCDCON1)

LCDCON1 寄存器是可读/写的,其地址为 0x4D000000,初始值为 0x00000000。LCDCON1 寄存器的具体格式如表 9-1 所示。

表 9-1　LCDCON1 寄存器的格式

符　号	位	描　述	初始状态
LINECNT (只读)	[27:18]	行计数器状态,从 LINEVAL 的值递减计数到 0	0000000000
CLKVAL	[17:8]	确定 VCLK 的速率。 STN:VCLK=HCLK/(CLKVAL×2) CLKVAL>=2 TFT:VCLK=HCLK/((CLKVAL+1)×2) CLKVAL>=0	0000000000
MMODE	[7]	确定 VM 的速率 0=每帧一次 1=由 MVAL 确定速率	0

续表

符　号	位	描　述	初始状态
PNRMODE	[6:5]	选择显示模式 00＝4-比特双扫描显示模式(STN) 01＝4-比特单扫描显示模式(STN) 10＝8-比特单扫描显示模式(STN) 11＝TFT-LCD	00
BPPMODE	[4:1]	选择 BPP(Bit Per Pixel)模式 0000＝1BPP(单色模式,STN) 0001＝2BPP(4 级灰度模式,STN) 0010＝4BPP(16 级灰度模式,STN) 0011＝8BPP(256 色模式,STN) 0100＝12BPP(4096 色模式,STN) 1000＝1BPP(TFT) 1001＝2BPP(TFT) 1010＝4BPP(TFT) 1011＝8BPP(TFT) 1100＝16BPP(TFT) 1101＝24BPP(TFT)	0000
ENVID	[0]	确定 LCD 视频输出使能 0＝禁止输出 LCD 视频数据和 LCD 控制信号 1＝允许输出 LCD 视频数据和 LCD 控制信号	0

2. LCD 控制寄存器 2(LCDCON2)

LCDCON2 寄存器是可读/写的,其地址为 0x4D000004,初始值为 0x00000000。LCDCON2 寄存器的具体格式如表 9-2 所示。

表 9-2　LCDCON2 寄存器的格式

符　号	位	描　述	初始状态
VBPD	[31:24]	TFT-LCD：每帧开始时的无效行数 STN-LCD：这几位设置为 0	00000000
LINEVAL	[23:14]	TFT/STN：确定 LCD 显示屏的垂直尺寸	0000000000
VFPD	[13:6]	TFT：每帧结尾时的无效行数 STN：这几位设置为 0	00000000
VSPW	[5:0]	TFT：垂直同步脉冲宽度,用来确定 VSYNC 信号脉冲宽度 STN：这几位设置为 0	000000

3. LCD 控制寄存器 3(LCDCON3)

LCDCON3 寄存器是可读/写的,其地址为 0x4D000008,初始值为 0x00000000。LCDCON3 寄存器的具体格式如表 9-3 所示。

表 9-3　LCDCON3 寄存器的格式

符　号	位	描　述	初 始 状 态
HBPD	[25:19]	TFT-LCD：在 HSYNC 信号下降沿和有效数据开始之间的 VCLK 脉冲数	0000000
WDLY		STN-LCD：WDLY[1:0]位确定 VLINE 信号和 VCLK 信号之间的延时 00：16 个 HCLK 周期　01：32 个 HCLK 周期 10：48 个 HCLK 周期　11：64 个 HCLK 周期 WDLY[7:2]位保留	
HOZVAL	[18:8]	TFT/STN：确定 LCD 显示屏的水平尺寸	00000000000
HFPD	[7:0]	TFT-LCD：在 HSYNC 信号上升沿和有效数据结束之间的 VCLK 脉冲数	00000000
LINEBLANK		STN-LCD：确定水平行期间的空白时间，它修正了 VLINE 的频率	

4. LCD 控制寄存器 4(LCDCON4)

LCDCON4 寄存器是可读/写的，其地址为 0x4D00000C，初始值为 0x00000000。LCDCON4 寄存器的具体格式如表 9-4 所示。

表 9-4　LCDCON4 寄存器的格式

符号	位	描　述	初始状态
MVAL	[15:8]	STN-LCD：在 MMODE 位被设置成"1"时，MVAL 确定 VM 信号的速率	00000000
HSPW	[7:0]	TFT-LCD：确定 HSYNC 脉冲的宽度	00000000
WLH		STN-LCD：WLH[1:0]位确定 VLINE 信号的脉冲宽度 00：16 个 HCLK 周期　01：32 个 HCLK 周期 10：48 个 HCLK 周期　11：64 个 HCLK 周期 WLH[7:2]位保留	

5. LCD 控制寄存器 5(LCDCON5)

LCDCON5 寄存器是可读/写的，其地址为 0x4D000010，初始值为 0x00000000。LCDCON5 寄存器的具体格式如表 9-5 所示。

表 9-5　LCDCON5 寄存器的格式

符　号	位	描　述	初 始 状 态
	[31:17]	保留	0x0000
VSTATUS	[16:15]	TFT-LCD：垂直状态(只读) 00：VSYNC　01：BACK Porch 10：ACTIVE　11：FRONT Porch	00
HSTATUS	[14:13]	TFT-LCD：水平状态(只读) 00：HSYNC　01：BACK Porch 10：ACTIVE　11：FRONT Porch	00

续表

符　号	位	描　　　述	初 始 状 态
BPP24BL	[12]	TFT-LCD：确定 24bpp 视频存储器的顺序 0：低位有效　　　1：高位有效	—
FRM565	[11]	TFT-LCD：选择 16bpp 输出视频数据格式 0：5:5:5:1 格式　　　1：5:6:5 格式	—
INVVCLK	[10]	STN/TFT：确定 VCLK 信号的有效边沿 0：视频数据在 VCLK 信号的下降沿读取 1：视频数据在 VCLK 信号的上升沿读取	—
INVVLINE	[9]	STN/TFT：确定 VLINE/HSYNC 脉冲极性 0：正常　　　1：反向	—
INVVFRAME	[8]	STN/TFT：确定 VFRAME/VSYNC 脉冲极性 0：正常　　　1：反向	—
INVVD	[7]	STN/TFT：确定 VD(视频数据)脉冲极性 0：正常　　　1：反向	—
INVVDEN	[6]	TFT：确定 VDEN 脉冲极性 0：正常　　　1：反向	—
INVPWREN	[5]	STN/TFT：确定 PWREN 信号极性 0：正常　　　1：反向	—
INVLEND	[4]	TFT：确定 LEND 信号极性 0：正常　　　1：反向	—
PWREN	[3]	STN/TFT：LCD_PWREN 输出信号使能 0：不使能　　　1：使能	—
ENLEND	[2]	TFT：LEND 输出信号使能 0：不使能　　　1：使能	—
BSWP	[1]	STN/TFT：字节交换使能 0：不使能　　　1：使能	—
HWSWP	[0]	STN/TFT：半字交换使能 0：不使能　　　1：使能	—

6. 帧缓冲起始地址寄存器 1(LCDSADDR1)

LCDSADDR1 寄存器是可读/写的,其地址为 0x4D000014,初始值为 0x00000000。LCDSADDR1 寄存器的具体格式如表 9-6 所示。

表 9-6　LCDSADDR1 寄存器的格式

符　号	位	描　　　述	初 始 状 态
LCDBANK	[29:21]	指示系统存储器中的视频缓冲区地址 A[30:22]	0x00
LCDBASEU	[20:0]	对于双扫描 LCD 显示模式： 指示上半部地址计数器的 A[21:1] 对于单扫描 LCD 显示模式： 指示 LCD 帧缓冲区开始地址的 A[21:1]	0x000000

其他寄存器的格式就不再一一介绍了,请参考 S3C2440 芯片用户手册。

9.2.4　LCD显示器驱动编写示例

本示例程序完成的功能是在 LCD 上定时显示几种颜色的图形。示例程序中,利用 S3C2440 芯片内部的 RTC 部件,产生 1 秒的定时中断,然后在中断中,设置了 LCD 显示标志,并通过串口发送时间信号到 PC 上。该示例利用 ADS 1.2 进行开发时,建立的工程项目主界面如图 9-3 所示。

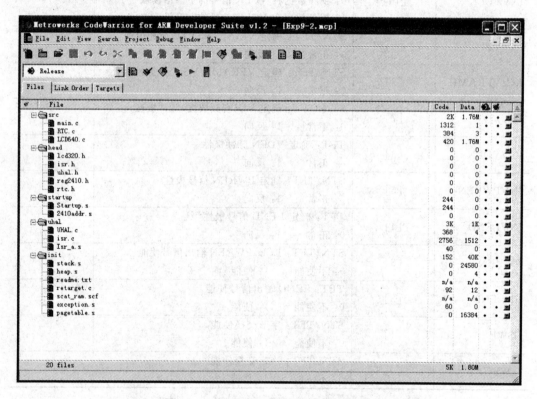

图 9-3　LCD 显示实验的工程项目主界面

从图 9-3 中,可以看到,该工程项目中包含了 2410addr. s、reg2410. h、Startup. s、main. c、LCD640. c 等头文件及源程序文件。工程项目中相关的头文件中的具体代码请参见附录 A。下面对工程项目中几个主要的源程序文件中的程序代码进行解释。

源程序文件中的主函数的代码如下:

```
#include <string.h>
#include <stdio.h>
#include "inc/macro.h"
#include "inc/reg2410.h"
#include "inc/uhal.h"
#include "inc/lcd.h"
#include "inc/rtc.h"
```

```
# pragma import(__ use_no_semihosting_swi)          // 确保没有使用 semihosting 的函数

extern U32 LCDBufferII2[480][640];
extern U8 key, key_flag;

# define PCLK   50.7 * 1000000
//定义串口 0 的线路控制寄存器变量
# define rULCON0   ( * (volatile unsigned * )0x50000000)
//定义串口 0 的除数寄存器变量
# define rUBRDIV0   ( * (volatile unsigned * )0x50000028)

U8 data1;

//下面是应用程序的主函数,显示屏的分辨率为 480×640
int main(void)
{
    int i, j, k;
    U32 jcolor;
    ARMTargetInit();                          //初始化目标系统
    LCD_Init();                               //LCD 显示初始化
    //下面在 LCD 屏上显示一幅黑色、红色、橙色等颜色组成的条纹图
    for (i=0; i<9; i++)
    {   switch (i)
        {   case 0: jcolor=0x00000000;         //RGB 均为 0   黑色
                break;
            case 1: jcolor=0x000000f8;         //R    红色
                break;
            case 2: jcolor=0x0000f0f8;         //R   and G 橙色
                break;
            case 3: jcolor=0x0000fcf8;         //R   and G 黄
                break;
            case 4: jcolor=0x0000fc00;         //G   绿色
                break;
            case 5: jcolor=0x00f8fc00;         //G   B   青色
                break;
            case 6: jcolor=0x00f80000;         //B   蓝色
                break;
            case 7: jcolor=0x00f800f8;         //R   and B   紫色
                break;
            case 8: jcolor=0x00f8fcf8;         //RGB   白色
                break;
        }
        for (k=0; k<480; k++)
            for (j=i * 64; j<i * 64+64; j++)
```

```
                LCDBufferII2[k][j]=jcolor;
    }
    jcolor=0x000000ff;
    for (i=0;i<480;i++)
    {    if (i==160||i==320)
             jcolor<<=8;
         for (j=576;j<640;j++)
             LCDBufferII2[i][j]=jcolor;
    }
    LCD_Refresh();                              //LCD 显示信息刷新
    ...                                         //省略了一些通信初始化语句
    RTC_init();                                 //RTC 的初始化
    //下面在 LCD 屏上循环显示 8 种颜色
    while(1)
    {
        if (key_flag==0x01){
        key_flag=0x00;
        switch (key)
        {    case 0x01:                         //第 1 种颜色
                 for (k=0;k<480;k++)
                     for (j=0;j<640;j++)
                     {
                         LCDBufferII2[k][j]=0x00f80000;
                     }
                 LCD_Refresh();
                 break;
             case 0x02:                         //第 2 种颜色
                 for (k=0;k<480;k++)
                     for (j=0;j<640;j++)
                         LCDBufferII2[k][j]=0x0000f800;
                 LCD_Refresh();
                 break;
             case 0x03:                         //第 3 种颜色
                 for (k=0;k<480;k++)
                     for (j=0;j<640;j++)
                         LCDBufferII2[k][j]=0x000000f8;
                 LCD_Refresh();
                 break;
             case 0x04:                         //第 4 种颜色
                 for (k=0;k<480;k++)
                     for (j=0;j<640;j++)
                         LCDBufferII2[k][j]=0x00f800f8;
                 LCD_Refresh();
                 break;
```

```
        case 0x05:                          //第 5 种颜色
            for (k=0;k<480;k++)
                for (j=0;j<640;j++)
                    LCDBufferII2[k][j]=0x00f8f800;
            LCD_Refresh();
            break;
        case 0x06:                          //第 6 种颜色
            for (k=0;k<480;k++)
                for (j=0;j<640;j++)
                    LCDBufferII2[k][j]=0x0000f8f8;
            LCD_Refresh();
            break;
        case 0x07:                          //第 7 种颜色
            for (k=0;k<480;k++)
                for (j=0;j<640;j++)
                    LCDBufferII2[k][j]=0x00f8f8f8;
            LCD_Refresh();
            break;
        case 0x08:                          //第 8 种颜色
            for (k=0;k<480;k++)
                for (j=0;j<640;j++)
                    LCDBufferII2[k][j]=0x00000000;
            LCD_Refresh();
            key=0x00;
            break;
        break;
        }
    }
    }
    return 0;
}
```

上面的主函数中调用了函数 LCD_Init()来初始化 S3C2440 内部的 LCD 控制寄存器以及相关的 GPIO 接口引脚,并调用函数 LCD_Refresh()来刷新 LCD 显示屏的显示。函数 LCD_Init()和函数 LCD_Refresh()均包含在源程序文件 LCD640.c 中,其详细代码编写如下:

```
#include <stdarg.h>
#include <stdio.h>
#include "inc/lcd320.h"
#include "inc/macro.h"
#include "inc/reg2410.h"


#define LCDCON1_CLKVAL        (1<<8)
```

```
# define LCDCON1_MMODE          (0<<7)
# define LCDCON1_PNRMODE        (0x3<<5)
# define LCDCON1_BPPMODE        (0xc<<1)
# define LCDCON1_ENVID          (1)

# define LCDCON2_VBPD           32//32
# define LCDCON2_LINEVAL        479
# define LCDCON2_VFPD           9//9
# define LCDCON2_VSPW           1//
# define LCDCON3_HBPD           47//49
# define LCDCON3_HOZVAL         639
# define LCDCON3_HFPD           15//14
# define LCDCON4_HSPW           95//95
# define LCDCON5_FRM565         1//
# define LCDCON5_INVVCLK        0
# define LCDCON5_INVVLINE       1
# define LCDCON5_INVVFRAME      1
# define LCDCON5_INVVD          0
# define LCDCON5_INVVDEN        0
# define LCDCON5_INVPWREN       0
# define LCDCON5_INVLEND        0
# define LCDCON5_PWREN          1
# define LCDCON5_ENLEND         0
# define LCDCON5_BSWP           0
# define LCDCON5_HWSWP          1
# define BPP24BL                0
# define TPALEN                 1
# define LPC_EN                 1
# define FIWSEL                 0
# define INT_FrSyn              1
# define INT_FiCnt              1
# define MVAL                   13
U16 * pLCDBuffer16I1=(U16 *)0x32000000;
U16 * pLCDBuffer16I2=(U16 *)0x32096000;
U32 LCDBufferII2[LCDHEIGHT][LCDWIDTH];
U16 LCDBufferII1[307200];
//LCD 相关引脚及控制寄存器的初始化
void LCD_Init()
{
    U32 i;
    U32 LCDBASEU,LCDBASEL,LCDBANK;
    //初始化端口 C 和端口 D 的引脚功能
    rGPCUP=0xffffffff;
    rGPCCON=0xaaaaaaaa;
```

```
    rGPDUP=0xffffffff;
    rGPDCON=0xaaaaaaaa;
    //初始化 LCDCON1 寄存器,用于设置显示模式、VCLK 速率等
    rLCDCON1 = 0 | LCDCON1_BPPMODE | LCDCON1_PNRMODE | LCDCON1_MMODE |
LCDCON1_CLKVAL;
    //初始化 LCDCON2 寄存器,用于设置显示屏的垂直尺寸等
    rLCDCON2 = (LCDCON2_VBPD<<24)|(LCDCON2_LINEVAL<<14)|(LCDCON2_
VFPD<<6)|LCDCON2_VSPW;
    //初始化 LCDCON3 寄存器,用于设置显示屏的水平尺寸等
    rLCDCON3 = (LCDCON3_HBPD<<19)|(LCDCON3_HOZVAL<<8)|LCDCON3_
HFPD;
    //初始化 LCDCON4 寄存器,用于设置 VM、HSYNC、VLINE 等
    rLCDCON4=LCDCON4_HSPW|(MVAL<<8);
    //初始化 LCDCON5 寄存器
    rLCDCON5=(BPP24BL<<12)|(LCDCON5_FRM565<<11)|(LCDCON5_INVVCLK<<
10)|(LCDCON5_INVVLINE<<9)|(LCDCON5_INVVFRAME<<8)|(LCDCON5_INVVD<<
7)|(LCDCON5_INVVDEN<<6)|(LCDCON5_INVPWREN<<5)|(LCDCON5_INVLEND<<
4)|(LCDCON5_PWREN<<3)|(LCDCON5_ENLEND<<2)|(LCDCON5_BSWP<<1)|
LCDCON5_HWSWP;
    //下面初始化显示缓冲区
    LCDBANK=0x32000000>>22;
    LCDBASEU=0x0;
    LCDBASEL=LCDBASEU+(480)*640;
    rLCDADDR1= (LCDBANK<<21)|LCDBASEU;
    rLCDADDR2=LCDBASEL;
    rLCDADDR3= (640)|(0<<11);
    rLCDINTMSK=(INT_FrSyn<<1)|INT_FiCnt;   //|(FIWSEL<<2);
    rLCDLPCSEL=0;
    rTPAL=(0<<24);
    for(i=0;i<640*480;i++)
        *(pLCDBuffer16I1+i)=0x0;
    rLCDCON1+=LCDCON1_ENVID;
}
//LCD 刷新显示
void LCD_Refresh()
{
    int i;
    U16 pixcolor;              //一个像素点的颜色
    U8 * pbuf=(U8 *)LCDBufferII2[0];
    U32 LCDBASEU,LCDBASEL,LCDBANK;
    for(i=0;i<LCDWIDTH*LCDHEIGHT;i++){
        //变换 RGB
        pixcolor=((pbuf[0]&0xf8)<<11)|((pbuf[1]&0xfc)<<6)|(pbuf[2]&0xf8);
        pbuf+=4;
```

```
        *(pLCDBuffer16I2+i)=pixcolor;
    }
    LCDBANK=0x32096000>>22;
    LCDBASEU=(0x32096000<<9)>>10;
    LCDBASEL=LCDBASEU+(480)*640;
    rLCDADDR1=(LCDBANK<<21)|LCDBASEU;
    rLCDADDR2=LCDBASEL;
    rLCDADDR3=(640)|(0<<11);
}
```

9.2.5 非编码式键盘原理

键盘也是常见的人机接口,在嵌入式系统中经常采用非编码式键盘。所谓的非编码式键盘,是指设计者选用机械按键自己来组成键盘,并用软件扫描方式来获得按键对应的键码,是有别于 PC 所用的键盘。

在嵌入式系统的键盘接口设计时,有多种设计方法,既可以用专用的芯片来连接机械按键,由专用芯片来识别按键动作并生成按键的键码,然后把键码传输给微处理器;也可以直接由微处理器芯片的 GPIO 引脚来连接机械按键,由微处理器本身来识别按键动作,并生成键码。

若采用 GPIO 引脚直接连接机械按键,通常也会根据应用的要求,其接口电路有所不同。若嵌入式系统所需的键盘中,按键个数较少(一般小于等于 4 个按键),那么,通常会将每一个按键分别连接到一个输入引脚上,如图 9-4 所示。微处理器根据对应输入引脚上电平是"0"还是"1"来判断按键是否按下,并完成相应按键的功能。

若键盘中机械按键的个数较多,这时通常会把按键排成阵列形式,每一行和每一列的交叉点上放置一个机械按键。如图 9-5 所示,是一个含有 16 个机械按键的键盘,排列成了 4×4 的阵列形式。对于由原始机械开关组成的阵列式键盘,其接口程序必须处理三个问题:去抖动、防串键和产生键码。

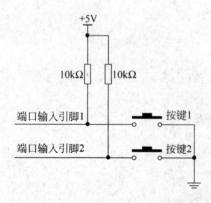

图 9-4　每个按键连接一根输入引脚

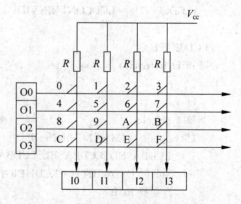

图 9-5　用作十六进制字符输入的键盘

　　在如图 9-5 所示的键盘接口中,键盘排列成 4×4 阵列,键盘上每个键的命名由设计者确定。电路设计时需要两组信号线,一组作为输出信号线(称为行信号线),另一组作为输入信号线(称为列信号线),列信号线一般通过电阻与电源正极相连。键盘的行信号线和列信号线均由微处理器通过 GPIO 引脚加以控制,微处理器通过输出引脚向行信号线上输出全"0"信号,然后通过输入引脚读取列信号,若键盘阵列中无任何键按下,则读到的列信号必然是全"1"信号,否则就是非全"1"信号。若是非全"1"信号时,微处理器再在行信号线上输出"步进的 0",既逐行输出"0"信号,来判断被按下的键具体在哪一行上,然后产生对应的键码。这种键盘处理的方法称为"行扫描法"。具体流程如图 9-6 所示。

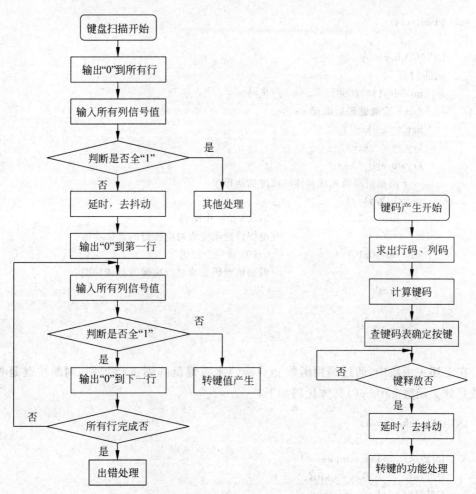

图 9-6　"行扫描法"键盘处理流程

　　键盘接口程序的核心是键码的产生。键码的产生方法是多种多样的,如:行信号对应的二进制数与列信号对应的二进制数组合成一个 8 位或 16 位的编码。不论哪种方法都必须保证键码与键一一对应。本示例程序中就是采用这种键码产生方法。更详细的键盘接口原理请参考主教材《嵌入式系统原理及接口技术》的 9.1 节的相关内容。

9.2.6　非编码式键盘驱动编写示例

　　本示例程序完成的功能是在 1 个 5×4 的键盘阵列中判断是否有按键按下,若有按键按下,则生成该按键对应的键码。键盘硬件接口电路设计时,选用 S3C2440 芯片的 GPC0~GPC3 引脚作为输入,用于连接"键盘列信号线",选用 GPE0~GPE4 作为输出,用于连接"键盘行信号线"。生成的键码采用 16 位二进制,是由行信号值和列信号值合并而成。该示例程序的主函数代码编写如下:

```
void Main(void)
{
    INT16U key=0;
    while(1){
        mydelay(10,1000);          //延时
        //**读取键码后取反**//
        key = getkey();
        key = (~key);
        keystore[i]=key;
        //下面根据键码完成具体的按键功能程序
        switch(key)  {
            case 0x208:            //0x208 是一个键码
                                   //根据该键码完成对应按键的具体功能
            case 0x101:            //0x101 是一个键码
                                   //根据该键码完成对应按键的具体功能
            break;
        }
    }
}
```

　　在上述主函数中,通过调用函数 getkey() 来对键盘阵列进行识别,判断按键是否按下或释放。函数 getkey() 具体代码如下:

```
INT16U getkey(void)
{
    INT16U      key,tempkey=1;
    INT16U      oldkey=0xffff;
    INT8U       keystatus=0;
    INT8U       keycnt=0;
    //**等到有合法的、可靠的键码输入,才返回,否则无穷等待**//
    while(1){
    //**key 设置为 0xffff,初始状态为无键码输入**//
        key = 0xffff;
    //**等待键盘输入,若有输入则退出此循环进行处理,否则等待**//
        while(1){
```

```
// ** 扫描一次键盘,将读到的键值送入 key ** //
        key = ScanKey();
// ** 判断是否有键输入,如果有,则退到外循环进行消抖动处理 ** //
        tempkey = (key|0xff00);
        if ((tempkey&0xffff) != 0xffff)        break;
// ** 若没有键按下,则延迟一段时间后,继续扫描键盘,同时设 oldkey=0xffff ** //
        mydelay(20,50);              //延时子程序(读者可以自行编写)
        oldkey=0xffff;
    }
// ** 在判断有键按下,延迟一段时间,再读一次键盘,消抖动 ** //
    mydelay(50,5000);               //延时约十几毫秒
    if (key != ScanKey())
        continue;
// ** 如果连续两次读的键码一样,并不等于 oldkey,则可判断有新的键码输入 ** //
    if (oldkey != key)  keystatus=0;
// ** 设定 Oldkey 为新的键码,并退出循环,返回键码 ** //
    oldkey = key;
    break;
    }
    return key;
}
```

函数 getkey()中又调用了函数 ScanKey()。函数 ScanKey()完成对键盘阵列的扫描,并获得按键键码,它是最底层的函数,直接读写键盘接口电路相关的信号,其具体代码编写如下:

```
// ** keyoutput 是键盘扫描时的输出地址,keyinput 是键盘读入时的地址
#define   KEYOUTPUT      (*(volatile INT8U *)0x56000044)
#define   KEYINPUT       (*(volatile INT8U *)0x56000024)
INT16U ScanKey()
{
    INT16U key=0xffff;
    INT16U i;
    INT8U temp=0xff,output;
    //初始化端口 C、端口 E
    rPCONC= rPCONC&0xffffff00;        //GPC0~GPC3 为输入
    rPUPC = rPUPC| 0x000f;
    rPCONE= (rPCONE&0xfffffc00)|0x00000155;  //GPE0~GPE4 为输出;
    rPUPE = rPUPE| 0x001f;
// ** 扫描时,循环往键盘(5×4)输出线送低电平,** //
// ** 其中输出为 5 根所以循环 5 次就可以了,输入为 4 根 ** //
    for (i=1;(( i<=16)&&(i>0)); i<<=1){
// ** 将第 i 根输出引脚置低,其余输出引脚为高,即对键盘按行进行扫描 ** //
    output |= 0xff;
    output &= (~i);
```

```
    KEYOUTPUT=output;
    // ** 读入此时的键盘输入值 ** //
    temp = KEYINPUT;
    // ** 判断 4 根输入线上是否有低电平出现,若有说明有键输入,否则无 ** //
    if ((temp&0x0f)!=0x0f){
    // ** 将此时的输出值左移 8 位,并和读入的值合并为 16 位键码 ** //
        key = (~i);
        key <<= 8;
        key |= ((temp&0x0f)|0xf0);
        return (key);
    }
}
// ** 如果没有键按下,返回 0xffff ** //
return 0xffff;
}
```

综 合 篇

第10章 数字电子钟设计

前面章节的实验示例程序,均是针对于某一个具体部件的使用而设计的。本章实验示例,将给出一个嵌入式系统的整体设计示例,即数字电子钟的设计。虽然是一个简单的嵌入式系统,但从中可以了解在无操作系统环境下,一个嵌入式系统应用软件的整体架构,以及主任务、中断任务之间的配合。

10.1 实验目标及要求

本章实验示例程序,使学生掌握无操作系统环境下嵌入式系统应用程序的设计。了解应用系统的主函数的架构,了解主函数与中断任务函数之间的通信,并了解多种 I/O 端口的综合使用,从而掌握无操作系统环境下嵌入式系统的设计方法。具体的实验目的及要求是:

1. 了解无操作系统环境下嵌入式系统应用程序的架构。
2. 了解主函数与中断任务函数之间的通信。
3. 了解多种 RTC、串口、LED 显示器等 I/O 部件的综合使用。

10.2 实验关键点

本实验示例所对应的数字电子钟,其硬件是以 S3C2440 芯片为核心来设计的,实时时间信号由芯片内部的 RTC 部件来产生。外部设备并设计了 2 位 LED 显示器用来实时显示秒信号,并设计了一个 RS-232 串口,用来与上位机(PC)通信。通过上位机(PC)可以初始设置日期和时间,并实时显示日期和时间。

数字电子钟的软件架构中,主要包括两个任务函数:一个主任务函数和一个 RTC 中断任务函数。主任务函数的主体是一个 While 循环,在 While 循环中判断 UART0 接收到的命令标志,然后根据命令标志来完成初始设置 RTC、启动 RTC、停止 RTC 等功能。主任务函数的代码编写如下:

```
int main(void)
```

```
{
    ARMTargetInit();                    //初始化目标系统
    //初始化端口 H 的引脚功能为串口功能(UART0 的功能引脚)
    rGPHCON = (rGPHCON | 0x000000aa) & 0xffffffaa;
    rULCON0 = 0x03;
    rUBRDIV0 = ((int)(PCLK/(115200 * 16)+0.5)-1);
    //下面发送提示信息：RTC
    data1=0x52;
    Uart_SendByten(0,data1);
    data1=0x54;
    Uart_SendByten(0,data1);
    data1=0x43;
    Uart_SendByten(0,data1);
    data1=0xa;                          //换行
    Uart_SendByten(0,data1);
    data1=0xd;                          //回车
    Uart_SendByten(0,data1);
    //下面是主任务中的循环结构,循环接收命令,并根据命令执行功能
    while(1)
    {
        err=Uart_Getchn(c1,0);          //从串口接收命令
        key_flag=c1[0];
        switch (key_flag)
        {
        case 0x01:
            RTC_start();                //执行启动命令,RTC 的初始化
            key_flag=0x00;
            break;
        case 0x02:
            RTC_stop();                 //执行停止命令
            key_flag=0x00;
            break;
        case 0x03:
            RTC_init();                 //执行初始设置命令
            key_flag=0x00;
            break;
        break;
        }
    }
    return 0;
}
```

主任务函数中通过串口(UART0)来接收命令,即用函数 Uart_Getchn()来接收上位机(PC)发来的初始设置 RTC、启动 RTC、停止 RTC 等命令,从而控制数字电子钟的开启

和停止。函数 Uart_Getchn()的代码如下：

```
char Uart_Getchn(char * Revdata, int Uartnum)
{
    if(Uartnum==0){
    while(!(rUTRSTAT0 & 0x1));    //Receive data read
     * Revdata=RdURXH0();
    return TRUE;
    }
else{
    while(!(rUTRSTAT1 & 0x1));    //Receive data read
     * Revdata=RdURXH1();
    return TRUE;
    }
}
```

函数 Uart_Getchn()接收的是 1 个字节的数据，因此，设计者需要把上位机(PC)发来的命令定义成相对应的字节数据，如本示例中，0x01 代表启动 RTC 命令，0x02 代表停止 RTC 命令，0x03 代表初始设置 RTC 命令。

从上面的主任务函数中，可以看到，根据接收到的命令字节来调用对应的命令执行函数，如 RTC_start()、RTC_stop()、RTC_init()等。

RTC 中断任务函数

RTC 部件每隔 1 秒钟将产生一次中断，在 RTC 中断任务函数中，将读取 RTC 部件中的日期及时间等相关寄存器的值，然后，在 2 位 LED 组成的显示器上显示秒数据信息，并且通过串口(UART0 部件)将日期、时间信息发送到上位机(PC)。若上位机(PC)编写好接收程序，则可以观察到实时的日期和时间信息。RTC 中断任务函数的具体代码编写如下：

```
static void RTC_TICK_ISR(int vector, void * data)
{
    U8 data1;
    U8 Y,MO,D,W,H,MI,S;         //定义年月日、时分秒数据的变量
    int i;
            // 0   1   2   3   4   5   6   7   8   9   a   b   c   d
int num[19]={0xc0,0xf9,0xa4,0xb0,0x99,0x92,0x82,0xf8,0x80,0x90,0x88,0x83,0xc6,0xa1,
// e    f    -    .   空
0x86,0x8e,0xbf,0x7f,0xff};
    rRTCCON = (U8)(rRTCCON |0x01);
    //读取年月日、时分秒的数据
    Y = rBCDYEAR;
    MO = rBCDMON;
    D = rBCDDATE;
    W = rBCDDAY;
```

```
    H = rBCDHOUR;
    MI = rBCDMIN;
    S = rBCDSEC;

    rRTCCON = (U8)(rRTCCON & 0xfe);
    //读到的秒信息显示在 2 位 LED 显示器上
    i=(S & 0xf0)/16;
    lednum1con=num[i];              //显示秒的高位数
    i=(S & 0x0f);
    lednum2con=num[i];              //显示秒的低位数
    //读到的日期时间信息通过串口发送
    data1 = (Y & 0xf0)/16+0x30;
    Uart_SendByten(0,data1);
    data1 = (Y & 0x0f)+0x30;
    Uart_SendByten(0,data1);
    data1 = (MO & 0xf0)/16+0x30;
    Uart_SendByten(0,data1);
    data1 = (MO & 0x0f)+0x30;
    Uart_SendByten(0,data1);
    data1 = (D & 0xf0)/16+0x30;
    Uart_SendByten(0,data1);
    data1 = (D & 0x0f)+0x30;
    Uart_SendByten(0,data1);
    data1 = (H & 0xf0)/16+0x30;
    Uart_SendByten(0,data1);
    data1 = (H & 0x0f)+0x30;
    Uart_SendByten(0,data1);
    data1 = (MI & 0xf0)/16+0x30;
    Uart_SendByten(0,data1);
    data1 = (MI & 0x0f)+0x30;
    Uart_SendByten(0,data1);
    data1 = (S & 0xf0)/16+0x30;
    Uart_SendByten(0,data1);
    data1 = (S & 0x0f)+0x30;
    Uart_SendByten(0,data1);
    data1=0xa;                      //换行
    Uart_SendByten(0,data1);
    data1=0xd;                      //回车
    Uart_SendByten(0,data1);
}
```

在 RTC 中断任务函数中，由于读取的年、月、日、时、分、秒的数据是合并 BCD 码的数据，因此需要把合并 BCD 码的数据进行分拆，如：用语句 data1 = (S & 0xf0)/16+0x30 把秒数据的高位分拆出来，用语句 data1 = (S & 0x0f)+0x30 把秒数据的低位分拆出来。语句中加 0x30 是转换成相应数字的 ASCII 码，便于通过串口发送给上位机。

附录 A　一些重要的头文件及其他文件

本附录给出了多个用于定义 S3C2440 芯片内部寄存器所对应变量的头文件,如:
2410addr. s、reg2410. h。其中,2410addr. s 用于汇编指令编写的程序,reg2410. h 用于 C
语言编写的程序。另外还给出了一些其他文件。

A.1　源程序文件 2410addr. s 中的代码

```
;=========================================================
; File Name : 2410addr. s
; Function  : S3C2440 Define Address Register (Assembly)
;=========================================================
       GBLL   BIG_ENDIAN __
BIG_ENDIAN __   SETL   {FALSE}
;=========================================================
; Memory control
;=========================================================
BWSCON       EQU   0x48000000    ;Bus width & wait status
BANKCON0     EQU   0x48000004    ;Boot ROM control
BANKCON1     EQU   0x48000008    ;BANK1 control
BANKCON2     EQU   0x4800000c    ;BANK2 cControl
BANKCON3     EQU   0x48000010    ;BANK3 control
BANKCON4     EQU   0x48000014    ;BANK4 control
BANKCON5     EQU   0x48000018    ;BANK5 control
BANKCON6     EQU   0x4800001c    ;BANK6 control
BANKCON7     EQU   0x48000020    ;BANK7 control
REFRESH      EQU   0x48000024    ;DRAM/SDRAM refresh
BANKSIZE     EQU   0x48000028    ;Flexible Bank Size
MRSRB6       EQU   0x4800002c    ;Mode register set for SDRAM
MRSRB7       EQU   0x48000030    ;Mode register set for SDRAM
;==================
; INTERRUPT
;==================
```

```
    SRCPND          EQU   0x4a000000      ;Interrupt request status
    INTMOD          EQU   0x4a000004      ;Interrupt mode control
    INTMSK          EQU   0x4a000008      ;Interrupt mask control
    PRIORITY        EQU   0x4a00000c      ;IRQ priority control
    INTPND          EQU   0x4a000010      ;Interrupt request status
    INTOFFSET       EQU   0x4a000014      ;Interruot request source offset
    SUSSRCPND       EQU   0x4a000018      ;Sub source pending
    INTSUBMSK       EQU   0x4a00001c      ;Interrupt sub mask
;=================
; DMA
;=================
    DISRC0          EQU   0x4b000000      ;DMA 0 Initial source
    DISRCC0         EQU   0x4b000004      ;DMA 0 Initial source control
    DIDST0          EQU   0x4b000008      ;DMA 0 Initial Destination
    DIDSTC0         EQU   0x4b00000c      ;DMA 0 Initial Destination control
    DCON0           EQU   0x4b000010      ;DMA 0 Control
    DSTAT0          EQU   0x4b000014      ;DMA 0 Status
    DCSRC0          EQU   0x4b000018      ;DMA 0 Current source
    DCDST0          EQU   0x4b00001c      ;DMA 0 Current destination
    DMASKTRIG0      EQU   0x4b000020      ;DMA 0 Mask trigger

    DISRC1          EQU   0x4b000040      ;DMA 1 Initial source
    DISRCC1         EQU   0x4b000044      ;DMA 1 Initial source control
    DIDST1          EQU   0x4b000048      ;DMA 1 Initial Destination
    DIDSTC1         EQU   0x4b00004c      ;DMA 1 Initial Destination control
    DCON1           EQU   0x4b000050      ;DMA 1 Control
    DSTAT1          EQU   0x4b000054      ;DMA 1 Status
    DCSRC1          EQU   0x4b000058      ;DMA 1 Current source
    DCDST1          EQU   0x4b00005c      ;DMA 1 Current destination
    DMASKTRIG1      EQU   0x4b000060      ;DMA 1 Mask trigger

    DISRC2          EQU   0x4b000080      ;DMA 2 Initial source
    DISRCC2         EQU   0x4b000084      ;DMA 2 Initial source control
    DIDST2          EQU   0x4b000088      ;DMA 2 Initial Destination
    DIDSTC2         EQU   0x4b00008c      ;DMA 2 Initial Destination control
    DCON2           EQU   0x4b000090      ;DMA 2 Control
    DSTAT2          EQU   0x4b000094      ;DMA 2 Status
    DCSRC2          EQU   0x4b000098      ;DMA 2 Current source
    DCDST2          EQU   0x4b00009c      ;DMA 2 Current destination
    DMASKTRIG2      EQU   0x4b0000a0      ;DMA 2 Mask trigger

    DISRC3          EQU   0x4b0000c0      ;DMA 3 Initial source
    DISRCC3         EQU   0x4b0000c4      ;DMA 3 Initial source control
    DIDST3          EQU   0x4b0000c8      ;DMA 3 Initial Destination
```

```
DIDSTC3        EQU   0x4b0000cc      ;DMA 3 Initial Destination control
DCON3          EQU   0x4b0000d0      ;DMA 3 Control
DSTAT3         EQU   0x4b0000d4      ;DMA 3 Status
DCSRC3         EQU   0x4b0000d8      ;DMA 3 Current source
DCDST3         EQU   0x4b0000dc      ;DMA 3 Current destination
DMASKTRIG3     EQU   0x4b0000e0      ;DMA 3 Mask trigger
;===========================
; CLOCK & POWER MANAGEMENT
;===========================
LOCKTIME       EQU   0x4c000000      ;PLL lock time counter
MPLLCON        EQU   0x4c000004      ;MPLL Control
UPLLCON        EQU   0x4c000008      ;UPLL Control
CLKCON         EQU   0x4c00000c      ;Clock generator control
CLKSLOW        EQU   0x4c000010      ;Slow clock control
CLKDIVN        EQU   0x4c000014      ;Clock divider control
;===========================
; LCD CONTROLLER
;===========================
LCDCON1        EQU   0x4d000000      ;LCD control 1
LCDCON2        EQU   0x4d000004      ;LCD control 2
LCDCON3        EQU   0x4d000008      ;LCD control 3
LCDCON4        EQU   0x4d00000c      ;LCD control 4
LCDCON5        EQU   0x4d000010      ;LCD control 5
LCDSADDR1      EQU   0x4d000014      ;STN/TFT Frame buffer start address 1
LCDSADDR2      EQU   0x4d000018      ;STN/TFT Frame buffer start address 2
LCDSADDR3      EQU   0x4d00001c      ;STN/TFT Virtual screen address set
REDLUT         EQU   0x4d000020      ;STN Red lookup table
GREENLUT       EQU   0x4d000024      ;STN Green lookup table
BLUELUT        EQU   0x4d000028      ;STN Blue lookup table
DITHMODE       EQU   0x4d00004c      ;STN Dithering mode
TPAL           EQU   0x4d000050      ;TFT Temporary palette
LCDINTPND      EQU   0x4d000054      ;LCD Interrupt pending
LCDSRCPND      EQU   0x4d000058      ;LCD Interrupt source
LCDINTMSK      EQU   0x4d00005c      ;LCD Interrupt mask
LPCSEL         EQU   0x4d000060      ;LPC3600 Control
;===========================
; NAND flash
;===========================
NFCONF         EQU   0x4e000000      ;NAND Flash configuration
NFCMD          EQU   0x4e000004      ;NADD Flash command
NFADDR         EQU   0x4e000008      ;NAND Flash address
NFDATA         EQU   0x4e00000c      ;NAND Flash data
NFSTAT         EQU   0x4e000010      ;NAND Flash operation status
NFECC          EQU   0x4e000014      ;NAND Flash ECC
```

```
;==================
; UART
;==================
ULCON0      EQU   0x50000000    ;UART 0 Line control
UCON0       EQU   0x50000004    ;UART 0 Control
UFCON0      EQU   0x50000008    ;UART 0 FIFO control
UMCON0      EQU   0x5000000c    ;UART 0 Modem control
UTRSTAT0    EQU   0x50000010    ;UART 0 Tx/Rx status
UERSTAT0    EQU   0x50000014    ;UART 0 Rx error status
UFSTAT0     EQU   0x50000018    ;UART 0 FIFO status
UMSTAT0     EQU   0x5000001c    ;UART 0 Modem status
UBRDIV0     EQU   0x50000028    ;UART 0 Baud rate divisor

ULCON1      EQU   0x50004000    ;UART 1 Line control
UCON1       EQU   0x50004004    ;UART 1 Control
UFCON1      EQU   0x50004008    ;UART 1 FIFO control
UMCON1      EQU   0x5000400c    ;UART 1 Modem control
UTRSTAT1    EQU   0x50004010    ;UART 1 Tx/Rx status
UERSTAT1    EQU   0x50004014    ;UART 1 Rx error status
UFSTAT1     EQU   0x50004018    ;UART 1 FIFO status
UMSTAT1     EQU   0x5000401c    ;UART 1 Modem status
UBRDIV1     EQU   0x50004028    ;UART 1 Baud rate divisor

ULCON2      EQU   0x50008000    ;UART 2 Line control
UCON2       EQU   0x50008004    ;UART 2 Control
UFCON2      EQU   0x50008008    ;UART 2 FIFO control
UMCON2      EQU   0x5000800c    ;UART 2 Modem control
UTRSTAT2    EQU   0x50008010    ;UART 2 Tx/Rx status
UERSTAT2    EQU   0x50008014    ;UART 2 Rx error status
UFSTAT2     EQU   0x50008018    ;UART 2 FIFO status
UMSTAT2     EQU   0x5000801c    ;UART 2 Modem status
UBRDIV2     EQU   0x50008028    ;UART 2 Baud rate divisor

        [ BIG_ENDIAN
UTXH0       EQU   0x50000023    ;UART 0 Transmission Hold
URXH0       EQU   0x50000027    ;UART 0 Receive buffer
UTXH1       EQU   0x50004023    ;UART 1 Transmission Hold
URXH1       EQU   0x50004027    ;UART 1 Receive buffer
UTXH2       EQU   0x50008023    ;UART 2 Transmission Hold
URXH2       EQU   0x50008027    ;UART 2 Receive buffer
        |               ;Little Endian
UTXH0       EQU   0x50000020    ;UART 0 Transmission Hold
URXH0       EQU   0x50000024    ;UART 0 Receive buffer
UTXH1       EQU   0x50004020    ;UART 1 Transmission Hold
```

```
URXH1           EQU  0x50004024   ;UART 1 Receive buffer
UTXH2           EQU  0x50008020   ;UART 2 Transmission Hold
URXH2           EQU  0x50008024   ;UART 2 Receive buffer
      ]
;================
; PWM TIMER
;================
TCFG0           EQU  0x51000000   ;Timer 0 configuration
TCFG1           EQU  0x51000004   ;Timer 1 configuration
TCON            EQU  0x51000008   ;Timer control
TCNTB0          EQU  0x5100000c   ;Timer count buffer 0
TCMPB0          EQU  0x51000010   ;Timer compare buffer 0
TCNTO0          EQU  0x51000014   ;Timer count observation 0
TCNTB1          EQU  0x51000018   ;Timer count buffer 1
TCMPB1          EQU  0x5100001c   ;Timer compare buffer 1
TCNTO1          EQU  0x51000020   ;Timer count observation 1
TCNTB2          EQU  0x51000024   ;Timer count buffer 2
TCMPB2          EQU  0x51000028   ;Timer compare buffer 2
TCNTO2          EQU  0x5100002c   ;Timer count observation 2
TCNTB3          EQU  0x51000030   ;Timer count buffer 3
TCMPB3          EQU  0x51000034   ;Timer compare buffer 3
TCNTO3          EQU  0x51000038   ;Timer count observation 3
TCNTB4          EQU  0x5100003c   ;Timer count buffer 4
TCNTO4          EQU  0x51000040   ;Timer count observation 4
;================
; USB DEVICE
;================
      [ BIG_ENDIAN _
FUNC_ADDR_REG        EQU  0x52000143   ;Function address
PWR_REG              EQU  0x52000147   ;Power management
EP_INT_REG           EQU  0x5200014b   ;EP Interrupt pending and clear
USB_INT_REG          EQU  0x5200015b   ;USB Interrupt pending and clear
EP_INT_EN_REG        EQU  0x5200015f   ;Interrupt enable
USB_INT_EN_REG       EQU  0x5200016f
FRAME_NUM1_REG       EQU  0x52000173   ;Frame number lower byte
FRAME_NUM2_REG       EQU  0x52000177   ;Frame number lower byte
INDEX_REG            EQU  0x5200017b   ;Register index
MAXP_REG             EQU  0x52000183   ;Endpoint max packet
EP0_CSR              EQU  0x52000187   ;Endpoint 0 status
IN_CSR1_REG          EQU  0x52000187   ;In endpoint control status
IN_CSR2_REG          EQU  0x5200018b
OUT_CSR1_REG         EQU  0x52000193   ;Out endpoint control status
OUT_CSR2_REG         EQU  0x52000197
OUT_FIFO_CNT1_REG    EQU  0x5200019b   ;Endpoint out write count
```

OUT_FIFO_CNT2_REG	EQU	0x5200019f	
EP0_FIFO	EQU	0x520001c3	;Endpoint 0 FIFO
EP1_FIFO	EQU	0x520001c7	;Endpoint 1 FIFO
EP2_FIFO	EQU	0x520001cb	;Endpoint 2 FIFO
EP3_FIFO	EQU	0x520001cf	;Endpoint 3 FIFO
EP4_FIFO	EQU	0x520001d3	;Endpoint 4 FIFO
EP1_DMA_CON	EQU	0x52000203	;EP1 DMA interface control
EP1_DMA_UNIT	EQU	0x52000207	;EP1 DMA Tx unit counter
EP1_DMA_FIFO	EQU	0x5200020b	;EP1 DMA Tx FIFO counter
EP1_DMA_TTC_L	EQU	0x5200020f	;EP1 DMA total Tx counter
EP1_DMA_TTC_M	EQU	0x52000213	
EP1_DMA_TTC_H	EQU	0x52000217	
EP2_DMA_CON	EQU	0x5200021b	;EP2 DMA interface control
EP2_DMA_UNIT	EQU	0x5200021f	;EP2 DMA Tx unit counter
EP2_DMA_FIFO	EQU	0x52000223	;EP2 DMA Tx FIFO counter
EP2_DMA_TTC_L	EQU	0x52000227	;EP2 DMA total Tx counter
EP2_DMA_TTC_M	EQU	0x5200022b	
EP2_DMA_TTC_H	EQU	0x5200022f	
EP3_DMA_CON	EQU	0x52000243	;EP3 DMA interface control
EP3_DMA_UNIT	EQU	0x52000247	;EP3 DMA Tx unit counter
EP3_DMA_FIFO	EQU	0x5200024b	;EP3 DMA Tx FIFO counter
EP3_DMA_TTC_L	EQU	0x5200024f	;EP3 DMA total Tx counter
EP3_DMA_TTC_M	EQU	0x52000253	
EP3_DMA_TTC_H	EQU	0x52000257	
EP4_DMA_CON	EQU	0x5200025b	;EP4 DMA interface control
EP4_DMA_UNIT	EQU	0x5200025f	;EP4 DMA Tx unit counter
EP4_DMA_FIFO	EQU	0x52000263	;EP4 DMA Tx FIFO counter
EP4_DMA_TTC_L	EQU	0x52000267	;EP4 DMA total Tx counter
EP4_DMA_TTC_M	EQU	0x5200026b	
EP4_DMA_TTC_H	EQU	0x5200026f	
	; Little Endian		
FUNC_ADDR_REG	EQU	0x52000140	;Function address
PWR_REG	EQU	0x52000144	;Power management
EP_INT_REG	EQU	0x52000148	;EP Interrupt pending and clear
USB_INT_REG	EQU	0x52000158	;USB Interrupt pending and clear
EP_INT_EN_REG	EQU	0x5200015c	;Interrupt enable
USB_INT_EN_REG	EQU	0x5200016c	
FRAME_NUM1_REG	EQU	0x52000170	;Frame number lower byte
FRAME_NUM2_REG	EQU	0x52000174	;Frame number lower byte
INDEX_REG	EQU	0x52000178	;Register index
MAXP_REG	EQU	0x52000180	;Endpoint max packet
EP0_CSR	EQU	0x52000184	;Endpoint 0 status
IN_CSR1_REG	EQU	0x52000184	;In endpoint control status
IN_CSR2_REG	EQU	0x52000188	

```
OUT_CSR1_REG           EQU   0x52000190      ;Out endpoint control status
OUT_CSR2_REG           EQU   0x52000194
OUT_FIFO_CNT1_REG      EQU   0x52000198      ;Endpoint out write count
OUT_FIFO_CNT2_REG      EQU   0x5200019c
EP0_FIFO               EQU   0x520001c0      ;Endpoint 0 FIFO
EP1_FIFO               EQU   0x520001c4      ;Endpoint 1 FIFO
EP2_FIFO               EQU   0x520001c8      ;Endpoint 2 FIFO
EP3_FIFO               EQU   0x520001cc      ;Endpoint 3 FIFO
EP4_FIFO               EQU   0x520001d0      ;Endpoint 4 FIFO
EP1_DMA_CON            EQU   0x52000200      ;EP1 DMA interface control
EP1_DMA_UNIT           EQU   0x52000204      ;EP1 DMA Tx unit counter
EP1_DMA_FIFO           EQU   0x52000208      ;EP1 DMA Tx FIFO counter
EP1_DMA_TTC_L          EQU   0x5200020c      ;EP1 DMA total Tx counter
EP1_DMA_TTC_M          EQU   0x52000210
EP1_DMA_TTC_H          EQU   0x52000214
EP2_DMA_CON            EQU   0x52000218      ;EP2 DMA interface control
EP2_DMA_UNIT           EQU   0x5200021c      ;EP2 DMA Tx unit counter
EP2_DMA_FIFO           EQU   0x52000220      ;EP2 DMA Tx FIFO counter
EP2_DMA_TTC_L          EQU   0x52000224      ;EP2 DMA total Tx counter
EP2_DMA_TTC_M          EQU   0x52000228
EP2_DMA_TTC_H          EQU   0x5200022c
EP3_DMA_CON            EQU   0x52000240      ;EP3 DMA interface control
EP3_DMA_UNIT           EQU   0x52000244      ;EP3 DMA Tx unit counter
EP3_DMA_FIFO           EQU   0x52000248      ;EP3 DMA Tx FIFO counter
EP3_DMA_TTC_L          EQU   0x5200024c      ;EP3 DMA total Tx counter
EP3_DMA_TTC_M          EQU   0x52000250
EP3_DMA_TTC_H          EQU   0x52000254
EP4_DMA_CON            EQU   0x52000258      ;EP4 DMA interface control
EP4_DMA_UNIT           EQU   0x5200025c      ;EP4 DMA Tx unit counter
EP4_DMA_FIFO           EQU   0x52000260      ;EP4 DMA Tx FIFO counter
EP4_DMA_TTC_L          EQU   0x52000264      ;EP4 DMA total Tx counter
EP4_DMA_TTC_M          EQU   0x52000268
EP4_DMA_TTC_H          EQU   0x5200026c
]
;==================
; WATCH DOG TIMER
;==================
WTCON        EQU   0x53000000      ;Watch-dog timer mode
WTDAT        EQU   0x53000004      ;Watch-dog timer data
WTCNT        EQU   0x53000008      ;Eatch-dog timer count
;==================
; IIC
;==================
IICCON       EQU   0x54000000      ;IIC control
```

```
IICSTAT          EQU   0x54000004        ;IIC status
IICADD           EQU   0x54000008        ;IIC address
IICDS            EQU   0x5400000c        ;IIC data shift
;================
; IIS
;================
IISCON           EQU   0x55000000        ;IIS Control
IISMOD           EQU   0x55000004        ;IIS Mode
IISPSR           EQU   0x55000008        ;IIS Prescaler
IISFCON          EQU   0x5500000c        ;IIS FIFO control
        [ BIG_ENDIAN _
IISFIFO          EQU   0x55000012        ;IIS FIFO entry
        |              ;Little Endian
IISFIFO          EQU   0x55000010        ;IIS FIFO entry
        ]
;================
; I/O PORT
;================
GPACON           EQU   0x56000000        ;Port A control
GPADAT           EQU   0x56000004        ;Port A data

GPBCON           EQU   0x56000010        ;Port B control
GPBDAT           EQU   0x56000014        ;Port B data
GPBUP            EQU   0x56000018        ;Pull-up control B

GPCCON           EQU   0x56000020        ;Port C control
GPCDAT           EQU   0x56000024        ;Port C data
GPCUP            EQU   0x56000028        ;Pull-up control C

GPDCON           EQU   0x56000030        ;Port D control
GPDDAT           EQU   0x56000034        ;Port D data
GPDUP            EQU   0x56000038        ;Pull-up control D

GPECON           EQU   0x56000040        ;Port E control
GPEDAT           EQU   0x56000044        ;Port E data
GPEUP            EQU   0x56000048        ;Pull-up control E

GPFCON           EQU   0x56000050        ;Port F control
GPFDAT           EQU   0x56000054        ;Port F data
GPFUP            EQU   0x56000058        ;Pull-up control F

GPGCON           EQU   0x56000060        ;Port G control
GPGDAT           EQU   0x56000064        ;Port G data
GPGUP            EQU   0x56000068        ;Pull-up control G
```

```
GPHCON        EQU    0x56000070        ;Port H control
GPHDAT        EQU    0x56000074        ;Port H data
GPHUP         EQU    0x56000078        ;Pull-up control H

MISCCR        EQU    0x56000080        ;Miscellaneous control
DCKCON        EQU    0x56000084        ;DCLK0/1 control
EXTINT0       EQU    0x56000088        ;External interrupt control register 0
EXTINT1       EQU    0x5600008c        ;External interrupt control register 1
EXTINT2       EQU    0x56000090        ;External interrupt control register 2
EINTFLT0      EQU    0x56000094        ;Reserved
EINTFLT1      EQU    0x56000098        ;Reserved
EINTFLT2      EQU    0x5600009c        ;External interrupt filter control register 2
EINTFLT3      EQU    0x560000a0        ;External interrupt filter control register 3
EINTMASK      EQU    0x560000a4        ;External interrupt mask
EINTPEND      EQU    0x560000a8        ;External interrupt pending
GSTATUS0      EQU    0x560000ac        ;External pin status
GSTATUS1      EQU    0x560000b0        ;Chip ID(0x32410000)
GSTATUS2      EQU    0x560000b4        ;Reset type
GSTATUS3      EQU    0x560000b8 ;Saved data0(32-bit) before entering POWER_OFF mode
GSTATUS4      EQU    0x560000bc ;Saved data1(32-bit) before entering POWER_OFF mode
;===================
; RTC
;===================
            [ BIG_ENDIAN __
RTCCON        EQU    0x57000043        ;RTC control
TICNT         EQU    0x57000047        ;Tick time count
RTCALM        EQU    0x57000053        ;RTC alarm control
ALMSEC        EQU    0x57000057        ;Alarm second
ALMMIN        EQU    0x5700005b        ;Alarm minute
ALMHOUR       EQU    0x5700005f        ;Alarm Hour
ALMDATE       EQU    0x57000063        ;Alarm day
ALMMON        EQU    0x57000067        ;Alarm month
ALMYEAR       EQU    0x5700006b        ;Alarm year
RTCRST        EQU    0x5700006f        ;RTC round reset
BCDSEC        EQU    0x57000073        ;BCD second
BCDMIN        EQU    0x57000077        ;BCD minute
BCDHOUR       EQU    0x5700007b        ;BCD hour
BCDDATE       EQU    0x5700007f        ;BCD day
BCDDAY        EQU    0x57000083        ;BCD date
BCDMON        EQU    0x57000087        ;BCD month
BCDYEAR       EQU    0x5700008b        ;BCD year
            |                          ;Little Endian
RTCCON        EQU    0x57000040        ;RTC control
TICNT         EQU    0x57000044        ;Tick time count
```

```
RTCALM          EQU   0x57000050      ;RTC alarm control
ALMSEC          EQU   0x57000054      ; Alarm second
ALMMIN          EQU   0x57000058      ; Alarm minute
ALMHOUR         EQU   0x5700005c      ; Alarm Hour
ALMDATE         EQU   0x57000060      ; Alarm day
ALMMON          EQU   0x57000064      ; Alarm month
ALMYEAR         EQU   0x57000068      ; Alarm year
RTCRST          EQU   0x5700006c      ;RTC round reset
BCDSEC          EQU   0x57000070      ;BCD second
BCDMIN          EQU   0x57000074      ;BCD minute
BCDHOUR         EQU   0x57000078      ;BCD hour
BCDDATE         EQU   0x5700007c      ;BCD day
BCDDAY          EQU   0x57000080      ;BCD date
BCDMON          EQU   0x57000084      ;BCD month
BCDYEAR         EQU   0x57000088      ;BCD year
        ]                        ;RTC
;================
; ADC
;================
ADCCON          EQU   0x58000000      ;ADC control
ADCTSC          EQU   0x58000004      ;ADC touch screen control
ADCDLY          EQU   0x58000008      ;ADC start or Interval Delay
ADCDAT0         EQU   0x5800000c      ;ADC conversion data 0
ADCDAT1         EQU   0x58000010      ;ADC conversion data 1
;================
; SPI
;================
SPCON0          EQU   0x59000000      ;SPI0 control
SPSTA0          EQU   0x59000004      ;SPI0 status
SPPIN0          EQU   0x59000008      ;SPI0 pin control
SPPRE0          EQU   0x5900000c      ;SPI0 baud rate prescaler
SPTDAT0         EQU   0x59000010      ;SPI0 Tx data
SPRDAT0         EQU   0x59000014      ;SPI0 Rx data

SPCON1          EQU   0x59000020      ;SPI1 control
SPSTA1          EQU   0x59000024      ;SPI1 status
SPPIN1          EQU   0x59000028      ;SPI1 pin control
SPPRE1          EQU   0x5900002c      ;SPI1 baud rate prescaler
SPTDAT1         EQU   0x59000030      ;SPI1 Tx data
SPRDAT1         EQU   0x59000034      ;SPI1 Rx data
;================
; SD Interface
;================
SDICON          EQU   0x5a000000      ;SDI control
```

```
SDIPRE          EQU   0x5a000000      ; SDI baud rate prescaler
SDICmdArg       EQU   0x5a000000      ; SDI command argument
SDICmdCon       EQU   0x5a000000      ; SDI command control
SDICmdSta       EQU   0x5a000000      ; SDI command status
SDIRSP0         EQU   0x5a000000      ; SDI response 0
SDIRSP1         EQU   0x5a000000      ; SDI response 1
SDIRSP2         EQU   0x5a000000      ; SDI response 2
SDIRSP3         EQU   0x5a000000      ; SDI response 3
SDIDTimer       EQU   0x5a000000      ; SDI data/busy timer
SDIBSize        EQU   0x5a000000      ; SDI block size
SDIDatCon       EQU   0x5a000000      ; SDI data control
SDIDatCnt       EQU   0x5a000000      ; SDI data remain counter
SDIDatSta       EQU   0x5a000000      ; SDI data status
SDIFSTA         EQU   0x5a000000      ; SDI FIFO status
SDIIntMsk       EQU   0x5a000000      ; SDI interrupt mask
SDIDAT          EQU   0x5a00003c      ; SDI data
;=================
; PENDING BIT
;=================
BIT_EINT0       EQU   (0x1)
BIT_EINT1       EQU   (0x1<<1)
BIT_EINT2       EQU   (0x1<<2)
BIT_EINT3       EQU   (0x1<<3)
BIT_EINT4_7     EQU   (0x1<<4)
BIT_EINT8_23    EQU   (0x1<<5)
BIT_NOTUSED6    EQU   (0x1<<6)
BIT_BAT_FLT     EQU   (0x1<<7)
BIT_TICK        EQU   (0x1<<8)
BIT_WDT         EQU   (0x1<<9)
BIT_TIMER0      EQU   (0x1<<10)
BIT_TIMER1      EQU   (0x1<<11)
BIT_TIMER2      EQU   (0x1<<12)
BIT_TIMER3      EQU   (0x1<<13)
BIT_TIMER4      EQU   (0x1<<14)
BIT_UART2       EQU   (0x1<<15)
BIT_LCD         EQU   (0x1<<16)
BIT_DMA0        EQU   (0x1<<17)
BIT_DMA1        EQU   (0x1<<18)
BIT_DMA2        EQU   (0x1<<19)
BIT_DMA3        EQU   (0x1<<20)
BIT_SDI         EQU   (0x1<<21)
BIT_SPI0        EQU   (0x1<<22)
BIT_UART1       EQU   (0x1<<23)
BIT_NOTUSED24   EQU   (0x1<<24)
```

```
BIT_USBD          EQU   (0x1<<25)
BIT_USBH          EQU   (0x1<<26)
BIT_IIC           EQU   (0x1<<27)
BIT_UART0         EQU   (0x1<<28)
BIT_SPI1          EQU   (0x1<<29)
BIT_RTC           EQU   (0x1<<30)
BIT_ADC           EQU   (0x1<<31)
BIT_ALLMSK        EQU   (0xffffffff)

        END
```

A.2　头文件 reg2410.h 中的代码

```
/ ********************************************************************** \
# 说明: s3c2440 寄存器定义
/ ********************************************************************** /
# ifndef __ REG2410_H __
# define __ REG2410_H __

// # include "../inc/macro.h"
# include "gpio.h"
# include "cpu.h"

# define SDRAM_BASE          0x30000000
# define SDRAM_SIZE          (64 * SIZE_1MB)

//串口地址定义
# define UART_CTL_BASE       0x50000000
# define UART0_CTL_BASE      UART_CTL_BASE
# define UART1_CTL_BASE      UART_CTL_BASE + 0x4000
# define UART2_CTL_BASE      UART_CTL_BASE + 0x8000
# define bUART(x, Nb)        __ REG(UART_CTL_BASE + (x) * 0x4000 + (Nb))
/ * Offset * /
# define oULCON             0x00/ * R/W, UART line control register * /
# define oUCON              0x04/ * R/W, UART control register * /
# define oUFCON             0x08/ * R/W, UART FIFO control register * /
# define oUMCON             0x0C/ * R/W, UART modem control register * /
# define oUTRSTAT            0x10/ * R, UART Tx/Rx status register * /
# define oUERSTAT            0x14/ * R, UART Rx error status register * /
# define oUFSTAT             0x18/ * R, UART FIFO status register * /
# define oUMSTAT             0x1C/ * R, UART Modem status register * /
```

```
# define oUTXHL          0x20/ *  W, UART transmit(little-end) buffer * /
# define oUTXHB          0x23/ *  W, UART transmit(big-end) buffer * /
# define oURXHL          0x24/ *  R, UART receive(little-end) buffer * /
# define oURXHB          0x27/ *  R, UART receive(big-end) buffer * /
# define oUBRDIV         0x28/ *  R/W, Baud rate divisor register * /


//时钟
# define CLK_CTL_BASE    0x4C000000
# define bCLKCTL(Nb)     __ REG(CLK_CTL_BASE + (Nb))
/ * Offset * /
# define oLOCKTIME       0x00/ *  R/W, PLL lock time count register * /
# define oMPLLCON        0x04/ *  R/W, MPLL configuration register * /
# define oUPLLCON        0x08/ *  R/W, UPLL configuration register * /
# define oCLKCON         0x0C/ *  R/W, Clock generator control reg * /
# define oCLKSLOW        0x10/ *  R/W, Slow clock control register * /
# define oCLKDIVN        0x14/ *  R/W, Clock divider control * /
/ * Registers * /
# define rLOCKTIME       bCLKCTL(oLOCKTIME)
# define rMPLLCON        bCLKCTL(oMPLLCON)
# define rUPLLCON        bCLKCTL(oUPLLCON)
# define rCLKCON         bCLKCTL(oCLKCON)
# define rCLKSLOW        bCLKCTL(oCLKSLOW)
# define rCLKDIVN        bCLKCTL(oCLKDIVN)
/ * Fields * /
# define fPLL_MDIV       Fld(8,12)
# define fPLL_PDIV       Fld(6,4)
# define fPLL_SDIV       Fld(2,0)
/ * bits * /
# define CLKCON_SPI      (1<<18)
# define CLKCON_IIS      (1<<17)
# define CLKCON_IIC      (1<<16)
# define CLKCON_ADC      (1<<15)
# define CLKCON_RTC      (1<<14)
# define CLKCON_GPIO     (1<<13)
# define CLKCON_UART2    (1<<12)
# define CLKCON_UART1    (1<<11)
# define CLKCON_UART0    (1<<10)
# define CLKCON_SDI      (1<<9)
# define CLKCON_PWM      (1<<8)
# define CLKCON_USBD     (1<<7)
# define CLKCON_USBH     (1<<6)
# define CLKCON_LCDC     (1<<5)
# define CLKCON_NAND     (1<<4)
# define CLKCON_POWEROFF (1<<3)
```

```
# define CLKCON_IDLE          (1<<2)


// PWM Timer
# define TIMER_BASE           0x51000000
# define rTCFG0               __ REG(TIMER_BASE) //Timer 0 configuration
# define rTCFG1               __ REG(TIMER_BASE+0x4) //Timer 1 configuration
# define rTCON                __ REG(TIMER_BASE+0x8) //Timer control
# define rTCNTB0              __ REG(TIMER_BASE+0xc) //Timer count buffer 0
# define rTCMPB0              __ REG(TIMER_BASE+0x10) //Timer compare buffer 0
# define rTCNTO0              __ REG(TIMER_BASE+0x14) //Timer count observation 0
# define rTCNTB1              __ REG(TIMER_BASE+0x18) //Timer count buffer 1
# define rTCMPB1              __ REG(TIMER_BASE+0x1c) //Timer compare buffer 1
# define rTCNTO1              __ REG(TIMER_BASE+0x20) //Timer count observation 1
# define rTCNTB2              __ REG(TIMER_BASE+0x24) //Timer count buffer 2
# define rTCMPB2              __ REG(TIMER_BASE+0x28) //Timer compare buffer 2
# define rTCNTO2              __ REG(TIMER_BASE+0x2c) //Timer count observation 2
# define rTCNTB3              __ REG(TIMER_BASE+0x30) //Timer count buffer 3
# define rTCMPB3              __ REG(TIMER_BASE+0x34) //Timer compare buffer 3
# define rTCNTO3              __ REG(TIMER_BASE+0x38) //Timer count observation 3
# define rTCNTB4              __ REG(TIMER_BASE+0x3c) //Timer count buffer 4
# define rTCNTO4              __ REG(TIMER_BASE+0x40) //Timer count observation 4


# define TCON_4_AUTO          (1 << 22)/ * auto reload on/off for Timer 4 * /
# define TCON_4_UPDATE        (1 << 21)/ * manual Update TCNTB4 * /
# define TCON_4_ONOFF         (1 << 20)/ * 0: Stop, 1: start Timer 4 * /
# define TCON_3_AUTO          (1 << 19)     / * auto reload on/off for Timer 3 * /
# define TCON_3_INVERT        (1 << 18)     / * 1: Inverter on for TOUT3 * /
# define TCON_3_MAN           (1 << 17)     / * manual Update TCNTB3, TCMPB3 * /
# define TCON_3_ONOFF         (1 << 16)     / * 0: Stop, 1: start Timer 3 * /
# define TCON_2_AUTO          (1 << 15)     / * auto reload on/off for Timer 3 * /
# define TCON_2_INVERT        (1 << 14)     / * 1: Inverter on for TOUT3 * /
# define TCON_2_MAN           (1 << 13)     / * manual Update TCNTB3, TCMPB3 * /
# define TCON_2_ONOFF         (1 << 12)     / * 0: Stop, 1: start Timer 3 * /
# define TCON_1_AUTO          (1 << 11)     / * auto reload on/off for Timer 3 * /
# define TCON_1_INVERT        (1 << 10)     / * 1: Inverter on for TOUT3 * /
# define TCON_1_MAN           (1 << 9)      / * manual Update TCNTB3, TCMPB3 * /
# define TCON_1_ONOFF         (1 << 8)      / * 0: Stop, 1: start Timer 3 * /
# define TCON_0_AUTO          (1 << 3)      / * auto reload on/off for Timer 3 * /
# define TCON_0_INVERT        (1 << 2)      / * 1: Inverter on for TOUT3 * /
# define TCON_0_MAN           (1 << 1)      / * manual Update TCNTB3, TCMPB3 * /
# define TCON_0_ONOFF         (1 << 0)      / * 0: Stop, 1: start Timer 3 * /


// WATCH DOG TIMER
```

```
# define WATCHDOG_BASE          0x53000000
# define rWTCON                  __REG(WATCHDOG_BASE) //Watch-dog timer mode
# define rWTDAT                  __REG(WATCHDOG_BASE+4) //Watch-dog timer data
# define rWTCNT                  __REG(WATCHDOG_BASE+8) //Eatch-dog timer count


// INTERRUPT
# define INTERRUPT_BASE          0x4a000000
# define rSRCPND                 __REG(INTERRUPT_BASE) //Interrupt request status
# define rINTMOD                 __REG(INTERRUPT_BASE + 0x4) //Interrupt
mode control
# define rINTMSK                 __REG(INTERRUPT_BASE + 0x8) //Interrupt
mask control
# define rPRIORITY               __REG(INTERRUPT_BASE+0xc) //IRQ priority control
# define rINTPND                 __REG(INTERRUPT_BASE + 0x10) //Interrupt
request status
# define rINTOFFSET              __REG(INTERRUPT_BASE + 0x14) //Interruot request
source offset
# define rSUBSRCPND              __REG(INTERRUPT_BASE+0x18) //Sub source pending
# define rINTSUBMSK              __REG(INTERRUPT_BASE+0x1c) //Interrupt sub mask


//LCD
# define bLCD_CTL(Nb)            __REG(0x4d000000 + (Nb))
# define rLCDCON1                bLCD_CTL(0x00)
# define rLCDCON2                bLCD_CTL(0x04)
# define rLCDCON3                bLCD_CTL(0x08)
# define rLCDCON4                bLCD_CTL(0x0c)
# define rLCDCON5                bLCD_CTL(0x10)
# define rLCDADDR1               bLCD_CTL(0x14)
# define rLCDADDR2               bLCD_CTL(0x18)
# define rLCDADDR3               bLCD_CTL(0x1c)
# define rREDLUT                 bLCD_CTL(0x20)
# define rGREENLUT               bLCD_CTL(0x24)
# define rBLUELUT                bLCD_CTL(0x28)
# define rDITHMODE               bLCD_CTL(0x4c)
# define rTPAL                   bLCD_CTL(0x50)
# define rLCDINTPND              bLCD_CTL(0x54)
# define rLCDSRCPND              bLCD_CTL(0x58)
# define rLCDINTMSK              bLCD_CTL(0x5c)
# define rLCDLPCSEL              bLCD_CTL(0x60)


//nand flash
# define bNAND_CTL(Nb)           __REG(0x4e000000 + (Nb))
# define rNFCONF         (*(volatile unsigned *)0x4e000000)   //NAND Flash configuration
# define rNFCMD          (*(volatile U8 *)0x4e000004)         //NADD Flash command
```

```
# define rNFADDR        ( * (volatile U8  * )0x4e000008)        //NAND Flash address
# define rNFDATA        ( * (volatile U8  * )0x4e00000c)        //NAND Flash data
# define rNFSTAT        ( * (volatile unsigned  * )0x4e000010)  //NAND Flash operation status
# define rNFECC         ( * (volatile unsigned  * )0x4e000014)  //NAND Flash ECC
# define rNFECC0        ( * (volatile U8   * )0x4e000014)
# define rNFECC1        ( * (volatile U8   * )0x4e000015)
# define rNFECC2        ( * (volatile U8   * )0x4e000016)

//IIC register
# define bIIC(Nb)       __ REG(0x54000000 + (Nb))
# define rIICCON        bIIC(0x00)                      //IIC control
# define rIICSTAT       bIIC(0x04)                      //IIC status
# define rIICADD        bIIC(0x08)                      //IIC address
# define rIICDS         bIIC(0x0c)                      //IIC data shift

//SPI register
# define bSPI(Nb)       __ REG(0x59000000 + (Nb))
# define rSPCON0        bSPI(0x00)
# define rSPSTA0        bSPI(0x04)
# define rSPPIN0        bSPI(0x08)
# define rSPPRE0        bSPI(0x0c)
# define rSPTDAT0       bSPI(0x10)
# define rSPRDAT0       bSPI(0x14)
# define rSPCON1        bSPI(0x20 + 0x00)
# define rSPSTA1        bSPI(0x20 + 0x04)
# define rSPPIN1        bSPI(0x20 + 0x08)
# define rSPPRE1        bSPI(0x20 + 0x0c)
# define rSPTDAT1       bSPI(0x20 + 0x10)
# define rSPRDAT1       bSPI(0x20 + 0x14)

# endif                                         // # ifndef __ REG2410_H __
```

A.3　头文件 macro.h 中的代码

```
/ ************************************************************** \
# 说明：常量和宏定义
\ ************************************************************** /
# ifndef __ MARCO_H __
# define __ MARCO_H __

# include "bitfield.h"
```

```
# define U32      unsigned int
# define U16      unsigned short
# define S32      int
# define S16      short int
# define U8       unsigned char
# define S8       char
typedef int BOOL；

# define TRUE     1
# define FALSE    0
# define OK       0
# define FAIL     -1
# define NULL     0

# define SIZE_1KB    1024ul
# define SIZE_1MB    (SIZE_1KB * SIZE_1KB)
# define SIZE_1GB    (SIZE_1MB * SIZE_1KB)
```

A.4 头文件 gpio.h 中的代码

```
/ ************************************************************** \
# 说明：对于 GPIO 控制寄存器等相关的宏定义
\ ************************************************************** /
//GPIO 端口的定义
//   8     8     8     8
// | MODE | PULLUP | PORT | OFFSET |
# ifndef __ GPIO_H __
# define __ GPIO_H __
# define __ REG(x)        ( * (volatile unsigned int * )(x))

# define GPCON(x)       __ REG(0x56000000+(x) * 0x10)
# define GPDAT(x)       __ REG(0x56000004+(x) * 0x10)
# define GPUP(x)        __ REG(0x56000008+(x) * 0x10)

# define GPIO_OFS_SHIFT       0
# define GPIO_PORT_SHIFTT     8
# define GPIO_PULLUP_SHIFT    16
# define GPIO_MODE_SHIFT      24
# define GPIO_OFS_MASK        0x000000ff
# define GPIO_PORT_MASK       0x0000ff00
# define GPIO_PULLUP_MASK     0x00ff0000
```

```
# define GPIO_MODE_MASK          0xff000000
# define GPIO_MODE_IN            (0 << GPIO_MODE_SHIFT)
# define GPIO_MODE_OUT           (1 << GPIO_MODE_SHIFT)
# define GPIO_MODE_ALT0          (2 << GPIO_MODE_SHIFT)
# define GPIO_MODE_ALT1          (3 << GPIO_MODE_SHIFT)
# define GPIO_PULLUP_EN          (0 << GPIO_PULLUP_SHIFT)
# define GPIO_PULLUP_DIS         (1 << GPIO_PULLUP_SHIFT)

# define PORTA_OFS               0
# define PORTB_OFS               1
# define PORTC_OFS               2
# define PORTD_OFS               3
# define PORTE_OFS               4
# define PORTF_OFS               5
# define PORTG_OFS               6
# define PORTH_OFS               7

# define MAKE_GPIO_NUM(p, o)   ((p << GPIO_PORT_SHIFT) | (o << GPIO_OFS_
SHIFT))
# define GRAB_MODE(x)     (((x) & GPIO_MODE_MASK) >> GPIO_MODE_SHIFT)
# define GRAB_PULLUP(x)   (((x) & GPIO_PULLUP_MASK) >> GPIO_PULLUP_
SHIFT)
# define GRAB_PORT(x)     (((x) & GPIO_PORT_MASK) >> GPIO_PORT_SHIFT)
# define GRAB_OFS(x)      (((x) & GPIO_OFS_MASK) >> GPIO_OFS_SHIFT)

# define set_gpio_ctrl(x) \
    do{ GPCON(GRAB_PORT(x)) &= ~(0x3u << (GRAB_OFS(x) * 2)); \
    GPCON(GRAB_PORT(x)) |= (GRAB_MODE(x) << (GRAB_OFS(x) * 2)); \
    GPUP(GRAB_PORT(x)) &= ~(1 << GRAB_OFS(x)); \
    GPUP(GRAB_PORT(x)) |= (GRAB_PULLUP(x) << GRAB_OFS(x)); }while(0)

# define set_gpio_pullup(x) \
    ({ GPUP(GRAB_PORT((x))) &= ~(1 << GRAB_OFS((x))); \
    GPUP(GRAB_PORT((x))) |= (GRAB_PULLUP((x)) << GRAB_OFS((x))); })
# define set_gpio_pullup_user(x, v) \
    ({ GPUP(GRAB_PORT((x))) &= ~(1 << GRAB_OFS((x))); \
    GPUP(GRAB_PORT((x))) |= ((v) << GRAB_OFS((x))); })

# define set_gpio_mode(x) \
    ({ GPCON(GRAB_PORT((x))) &= ~(0x3 << (GRAB_OFS((x)) * 2)); \
    GPCON(GRAB_PORT((x))) |= (GRAB_MODE((x)) << (GRAB_OFS((x)) *
2)); })

# define set_gpio_mode_user(x, v) \
```

```
        (( GPCON(GRAB_PORT((x))) &= ~(0x3 << (GRAB_OFS((x)) * 2)); \
            GPCON(GRAB_PORT((x))) |= ((v) << (GRAB_OFS((x)) * 2)); ))

#define set_gpioA_mode(x) \
        (( GPCON(GRAB_PORT((x))) &= ~(0x1 << GRAB_OFS((x))); \
            GPCON(GRAB_PORT((x))) |= (GRAB_MODE((x)) << GRAB_OFS((x))); ))

#define read_gpio_bit(x)    ((GPDAT(GRAB_PORT((x))) & (1 << GRAB_OFS((x)))) >>
GRAB_OFS((x)))

#define read_gpio_reg(x)    (GPDAT(GRAB_PORT((x)))

#define write_gpio_bit(x, v) \
        do{ GPDAT(GRAB_PORT(x)) &= ~(0x1 << GRAB_OFS(x)); \
            GPDAT(GRAB_PORT(x)) |= ((v) << GRAB_OFS(x)); }while(0)

#define write_gpio_reg(x, v)  GPDAT(GRAB_PORT(x)) = (v)

#define GPIO_A0              MAKE_GPIO_NUM(PORTA_OFS, 0)
#define GPIO_A1              MAKE_GPIO_NUM(PORTA_OFS, 1)
#define GPIO_A2              MAKE_GPIO_NUM(PORTA_OFS, 2)
#define GPIO_A3              MAKE_GPIO_NUM(PORTA_OFS, 3)
#define GPIO_A4              MAKE_GPIO_NUM(PORTA_OFS, 4)
#define GPIO_A5              MAKE_GPIO_NUM(PORTA_OFS, 5)
#define GPIO_A6              MAKE_GPIO_NUM(PORTA_OFS, 6)
#define GPIO_A7              MAKE_GPIO_NUM(PORTA_OFS, 7)
#define GPIO_A8              MAKE_GPIO_NUM(PORTA_OFS, 8)
#define GPIO_A9              MAKE_GPIO_NUM(PORTA_OFS, 9)
#define GPIO_A10             MAKE_GPIO_NUM(PORTA_OFS, 10)
#define GPIO_A11             MAKE_GPIO_NUM(PORTA_OFS, 11)
#define GPIO_A12             MAKE_GPIO_NUM(PORTA_OFS, 12)
#define GPIO_A13             MAKE_GPIO_NUM(PORTA_OFS, 13)
#define GPIO_A14             MAKE_GPIO_NUM(PORTA_OFS, 14)
#define GPIO_A15             MAKE_GPIO_NUM(PORTA_OFS, 15)
#define GPIO_A16             MAKE_GPIO_NUM(PORTA_OFS, 16)
#define GPIO_A17             MAKE_GPIO_NUM(PORTA_OFS, 17)
#define GPIO_A18             MAKE_GPIO_NUM(PORTA_OFS, 18)
#define GPIO_A19             MAKE_GPIO_NUM(PORTA_OFS, 19)
#define GPIO_A20             MAKE_GPIO_NUM(PORTA_OFS, 20)
#define GPIO_A21             MAKE_GPIO_NUM(PORTA_OFS, 21)
#define GPIO_A22             MAKE_GPIO_NUM(PORTA_OFS, 22)

#define GPIO_B0              MAKE_GPIO_NUM(PORTB_OFS, 0)
#define GPIO_B1              MAKE_GPIO_NUM(PORTB_OFS, 1)
```

```
# define GPIO_B2          MAKE_GPIO_NUM(PORTB_OFS, 2)
# define GPIO_B3          MAKE_GPIO_NUM(PORTB_OFS, 3)
# define GPIO_B4          MAKE_GPIO_NUM(PORTB_OFS, 4)
# define GPIO_B5          MAKE_GPIO_NUM(PORTB_OFS, 5)
# define GPIO_B6          MAKE_GPIO_NUM(PORTB_OFS, 6)
# define GPIO_B7          MAKE_GPIO_NUM(PORTB_OFS, 7)
# define GPIO_B8          MAKE_GPIO_NUM(PORTB_OFS, 8)
# define GPIO_B9          MAKE_GPIO_NUM(PORTB_OFS, 9)
# define GPIO_B10         MAKE_GPIO_NUM(PORTB_OFS, 10)

# define GPIO_C0          MAKE_GPIO_NUM(PORTC_OFS, 0)
# define GPIO_C1          MAKE_GPIO_NUM(PORTC_OFS, 1)
# define GPIO_C2          MAKE_GPIO_NUM(PORTC_OFS, 2)
# define GPIO_C3          MAKE_GPIO_NUM(PORTC_OFS, 3)
# define GPIO_C4          MAKE_GPIO_NUM(PORTC_OFS, 4)
# define GPIO_C5          MAKE_GPIO_NUM(PORTC_OFS, 5)
# define GPIO_C6          MAKE_GPIO_NUM(PORTC_OFS, 6)
# define GPIO_C7          MAKE_GPIO_NUM(PORTC_OFS, 7)
# define GPIO_C8          MAKE_GPIO_NUM(PORTC_OFS, 8)
# define GPIO_C9          MAKE_GPIO_NUM(PORTC_OFS, 9)
# define GPIO_C10         MAKE_GPIO_NUM(PORTC_OFS, 10)
# define GPIO_C11         MAKE_GPIO_NUM(PORTC_OFS, 11)
# define GPIO_C12         MAKE_GPIO_NUM(PORTC_OFS, 12)
# define GPIO_C13         MAKE_GPIO_NUM(PORTC_OFS, 13)
# define GPIO_C14         MAKE_GPIO_NUM(PORTC_OFS, 14)
# define GPIO_C15         MAKE_GPIO_NUM(PORTC_OFS, 15)

# define GPIO_D0          MAKE_GPIO_NUM(PORTD_OFS, 0)
# define GPIO_D1          MAKE_GPIO_NUM(PORTD_OFS, 1)
# define GPIO_D2          MAKE_GPIO_NUM(PORTD_OFS, 2)
# define GPIO_D3          MAKE_GPIO_NUM(PORTD_OFS, 3)
# define GPIO_D4          MAKE_GPIO_NUM(PORTD_OFS, 4)
# define GPIO_D5          MAKE_GPIO_NUM(PORTD_OFS, 5)
# define GPIO_D6          MAKE_GPIO_NUM(PORTD_OFS, 6)
# define GPIO_D7          MAKE_GPIO_NUM(PORTD_OFS, 7)
# define GPIO_D8          MAKE_GPIO_NUM(PORTD_OFS, 8)
# define GPIO_D9          MAKE_GPIO_NUM(PORTD_OFS, 9)
# define GPIO_D10         MAKE_GPIO_NUM(PORTD_OFS, 10)
# define GPIO_D11         MAKE_GPIO_NUM(PORTD_OFS, 11)
# define GPIO_D12         MAKE_GPIO_NUM(PORTD_OFS, 12)
# define GPIO_D13         MAKE_GPIO_NUM(PORTD_OFS, 13)
# define GPIO_D14         MAKE_GPIO_NUM(PORTD_OFS, 14)
# define GPIO_D15         MAKE_GPIO_NUM(PORTD_OFS, 15)
```

```
# define GPIO_E0              MAKE_GPIO_NUM(PORTE_OFS, 0)
# define GPIO_E1              MAKE_GPIO_NUM(PORTE_OFS, 1)
# define GPIO_E2              MAKE_GPIO_NUM(PORTE_OFS, 2)
# define GPIO_E3              MAKE_GPIO_NUM(PORTE_OFS, 3)
# define GPIO_E4              MAKE_GPIO_NUM(PORTE_OFS, 4)
# define GPIO_E5              MAKE_GPIO_NUM(PORTE_OFS, 5)
# define GPIO_E6              MAKE_GPIO_NUM(PORTE_OFS, 6)
# define GPIO_E7              MAKE_GPIO_NUM(PORTE_OFS, 7)
# define GPIO_E8              MAKE_GPIO_NUM(PORTE_OFS, 8)
# define GPIO_E9              MAKE_GPIO_NUM(PORTE_OFS, 9)
# define GPIO_E10             MAKE_GPIO_NUM(PORTE_OFS, 10)
# define GPIO_E11             MAKE_GPIO_NUM(PORTE_OFS, 11)
# dcfinc GPIO_E12            MAKE_GPIO_NUM(PORTE_OFS, 12)
# define GPIO_E13             MAKE_GPIO_NUM(PORTE_OFS, 13)
# define GPIO_E14             MAKE_GPIO_NUM(PORTE_OFS, 14)
# define GPIO_E15             MAKE_GPIO_NUM(PORTE_OFS, 15)

# define GPIO_F0              MAKE_GPIO_NUM(PORTF_OFS, 0)
# define GPIO_F1              MAKE_GPIO_NUM(PORTF_OFS, 1)
# define GPIO_F2              MAKE_GPIO_NUM(PORTF_OFS, 2)
# define GPIO_F3              MAKE_GPIO_NUM(PORTF_OFS, 3)
# define GPIO_F4              MAKE_GPIO_NUM(PORTF_OFS, 4)
# define GPIO_F5              MAKE_GPIO_NUM(PORTF_OFS, 5)
# define GPIO_F6              MAKE_GPIO_NUM(PORTF_OFS, 6)
# define GPIO_F7              MAKE_GPIO_NUM(PORTF_OFS, 7)

# define GPIO_G0              MAKE_GPIO_NUM(PORTG_OFS, 0)
# define GPIO_G1              MAKE_GPIO_NUM(PORTG_OFS, 1)
# define GPIO_G2              MAKE_GPIO_NUM(PORTG_OFS, 2)
# define GPIO_G3              MAKE_GPIO_NUM(PORTG_OFS, 3)
# define GPIO_G4              MAKE_GPIO_NUM(PORTG_OFS, 4)
# define GPIO_G5              MAKE_GPIO_NUM(PORTG_OFS, 5)
# define GPIO_G6              MAKE_GPIO_NUM(PORTG_OFS, 6)
# define GPIO_G7              MAKE_GPIO_NUM(PORTG_OFS, 7)
# define GPIO_G8              MAKE_GPIO_NUM(PORTG_OFS, 8)
# define GPIO_G9              MAKE_GPIO_NUM(PORTG_OFS, 9)
# define GPIO_G10             MAKE_GPIO_NUM(PORTG_OFS, 10)
# define GPIO_G11             MAKE_GPIO_NUM(PORTG_OFS, 11)
# define GPIO_G12             MAKE_GPIO_NUM(PORTG_OFS, 12)
# define GPIO_G13             MAKE_GPIO_NUM(PORTG_OFS, 13)
# define GPIO_G14             MAKE_GPIO_NUM(PORTG_OFS, 14)
# define GPIO_G15             MAKE_GPIO_NUM(PORTG_OFS, 15)

# define GPIO_H0              MAKE_GPIO_NUM(PORTH_OFS, 0)
```

```
# define GPIO_H1              MAKE_GPIO_NUM(PORTH_OFS, 1)
# define GPIO_H2              MAKE_GPIO_NUM(PORTH_OFS, 2)
# define GPIO_H3              MAKE_GPIO_NUM(PORTH_OFS, 3)
# define GPIO_H4              MAKE_GPIO_NUM(PORTH_OFS, 4)
# define GPIO_H5              MAKE_GPIO_NUM(PORTH_OFS, 5)
# define GPIO_H6              MAKE_GPIO_NUM(PORTH_OFS, 6)
# define GPIO_H7              MAKE_GPIO_NUM(PORTH_OFS, 7)
# define GPIO_H8              MAKE_GPIO_NUM(PORTH_OFS, 8)
# define GPIO_H9              MAKE_GPIO_NUM(PORTH_OFS, 9)
# define GPIO_H10             MAKE_GPIO_NUM(PORTH_OFS, 10)

# define GPIO_MODE_TOUT       GPIO_MODE_ALT0
# define GPIO_MODE_nXBACK     GPIO_MODE_ALT0
# define GPIO_MODE_nXBREQ     GPIO_MODE_ALT0
# define GPIO_MODE_nXDACK     GPIO_MODE_ALT0
# define GPIO_MODE_nXDREQ     GPIO_MODE_ALT0
# define GPIO_MODE_LEND       GPIO_MODE_ALT0
# define GPIO_MODE_VCLK       GPIO_MODE_ALT0
# define GPIO_MODE_VLINE      GPIO_MODE_ALT0
# define GPIO_MODE_VFRAME     GPIO_MODE_ALT0
# define GPIO_MODE_VM         GPIO_MODE_ALT0
# define GPIO_MODE_LCDVF      GPIO_MODE_ALT0
# define GPIO_MODE_VD         GPIO_MODE_ALT0
# define GPIO_MODE_IICSDA     GPIO_MODE_ALT0
# define GPIO_MODE_IICSCL     GPIO_MODE_ALT0
# define GPIO_MODE_SPICLK     GPIO_MODE_ALT0
# define GPIO_MODE_SPIMOSI    GPIO_MODE_ALT0
# define GPIO_MODE_SPIMISO    GPIO_MODE_ALT0
# define GPIO_MODE_SDDAT      GPIO_MODE_ALT0
# define GPIO_MODE_SDCMD      GPIO_MODE_ALT0
# define GPIO_MODE_SDCLK      GPIO_MODE_ALT0
# define GPIO_MODE_I2SSDO     GPIO_MODE_ALT0
# define GPIO_MODE_I2SSDI     GPIO_MODE_ALT0
# define GPIO_MODE_CDCLK      GPIO_MODE_ALT0
# define GPIO_MODE_I2SSCLK    GPIO_MODE_ALT0
# define GPIO_MODE_I2SLRCK    GPIO_MODE_ALT0
# define GPIO_MODE_I2SSDI_ABNORMAL   GPIO_MODE_ALT1
# define GPIO_MODE_nSS        GPIO_MODE_ALT1
# define GPIO_MODE_EINT       GPIO_MODE_ALT0
# define GPIO_MODE_nYPON      GPIO_MODE_ALT1
# define GPIO_MODE_YMON       GPIO_MODE_ALT1
# define GPIO_MODE_nXPON      GPIO_MODE_ALT1
# define GPIO_MODE_XMON       GPIO_MODE_ALT1
# define GPIO_MODE_UART       GPIO_MODE_ALT0
```

```
# define GPIO_MODE_TCLK_ABNORMAL       GPIO_MODE_ALT1
# define GPIO_MODE_SPICLK_ABNORMAL     GPIO_MODE_ALT1
# define GPIO_MODE_SPIMOSI_ABNORMAL    GPIO_MODE_ALT1
# define GPIO_MODE_SPIMISO_ABNORMAL    GPIO_MODE_ALT1
# define GPIO_MODE_LCD_PWRDN           GPIO_MODE_ALT1


# define GPIO_CTL_BASE         0x56000000
# define bGPIO(p)              __REG(GPIO_CTL_BASE + (p))
# define rMISCCR               bGPIO(0x80)
# define rDCLKCON              bGPIO(0x84)
# define rEXTINT0              bGPIO(0x88)
# define rEXTINT1              bGPIO(0x8c)
# define rEXTINT2              bGPIO(0x90)
# define rEINTFLT0             bGPIO(0x94)
# define rEINTFLT1             bGPIO(0x98)
# define rEINTFLT2             bGPIO(0x9c)
# define rEINTFLT3             bGPIO(0xa0)
# define rEINTMASK             bGPIO(0xa4)
# define rEINTPEND             bGPIO(0xa8)
# define rGSTATUS0             bGPIO(0xac)
# define rGSTATUS1             bGPIO(0xb0)

# define rGSTATUS2             bGPIO(0xb4)
# define rGSTATUS3             bGPIO(0xb8)
# define rGSTATUS4             bGPIO(0xbc)


# define rGPACON               bGPIO(0x00)
# define rGPADAT               bGPIO(0x04)
# define rGPBCON               bGPIO(0x10)
# define rGPBDAT               bGPIO(0x14)
# define rGPBUP                bGPIO(0x18)
# define rGPCCON               bGPIO(0x20)
# define rGPCDAT               bGPIO(0x24)
# define rGPCUP                bGPIO(0x28)
# define rGPDCON               bGPIO(0x30)
# define rGPDDAT               bGPIO(0x34)
# define rGPDUP                bGPIO(0x38)
# define rGPECON               bGPIO(0x40)
# define rGPEDAT               bGPIO(0x44)
# define rGPEUP                bGPIO(0x48)
# define rGPFCON               bGPIO(0x50)
# define rGPFDAT               bGPIO(0x54)
# define rGPFUP                bGPIO(0x58)
# define rGPGCON               bGPIO(0x60)
```

```
# define rGPGDAT              bGPIO(0x64)
# define rGPGUP               bGPIO(0x68)
# define rGPHCON              bGPIO(0x70)
# define rGPHDAT              bGPIO(0x74)
# define rGPHUP               bGPIO(0x78)


/*
 * S3C2440 GPIO edge detection for IRQs:
 * IRQs are generated on Falling-Edge, Rising-Edge, both, low level or higg level.
 * This must be called * before * the corresponding IRQ is registered.
 */
# define EXT_LOWLEVEL         0
# define EXT_HIGHLEVEL        1
# define EXT_FALLING_EDGE     2
# define EXT_RISING_EDGE      4
# define EXT_BOTH_EDGES       6


# endif
```

A.5　头文件 isr.h 中的代码

```
/ ***************************************************************** \
# 说明：中断控制寄存器变量及相关函数定义
\ ***************************************************************** /
# ifndef __ ISR_H __
# define __ ISR_H __
//////////interrupt offset////////////////////
/* Interrupt Controller */
# define IRQ_EINT0           0    / * External interrupt 0 */
# define IRQ_EINT1           1    / * External interrupt 1 */
# define IRQ_EINT2           2    / * External interrupt 2 */
# define IRQ_EINT3           3    / * External interrupt 3 */
# define IRQ_EINT4_7         4    / * External interrupt 4 ~ 7 */
# define IRQ_EINT8_23        5    / * External interrupt 8 ~ 23 */
# define IRQ_RESERVED6       6    / * Reserved for future use */
# define IRQ_BAT_FLT         7
# define IRQ_TICK            8    / * RTC time tick interrupt */
# define IRQ_WDT             9    / * Watch-Dog timer interrupt */
# define IRQ_TIMER0          10   / * Timer 0 interrupt */
# define IRQ_TIMER1          11   / * Timer 1 interrupt */
# define IRQ_TIMER2          12   / * Timer 2 interrupt */
```

```
# define IRQ_TIMER3              13   / *  Timer 3 interrupt  * /
# define IRQ_TIMER4              14   / *  Timer 4 interrupt  * /
# define IRQ_UART2               15   / *  UART 2 interrupt   * /
# define IRQ_LCD                 16   / *  reserved for future use * /
# define IRQ_DMA0                17   / *  DMA channel 0 interrupt * /
# define IRQ_DMA1                18   / *  DMA channel 1 interrupt * /
# define IRQ_DMA2                19   / *  DMA channel 2 interrupt * /
# define IRQ_DMA3                20   / *  DMA channel 3 interrupt * /
# define IRQ_SDI                 21   / *  SD Interface interrupt * /
# define IRQ_SPI0                22   / *  SPI interrupt * /
# define IRQ_UART1               23   / *  UART1 receive interrupt * /
# define IRQ_RESERVED24          24
# define IRQ_USBD                25   / *  USB device interrupt  * /
# define IRQ_USBH                26   / *  USB host interrupt  * /
# define IRQ_IIC                 27   / *  IIC interrupt  * /
# define IRQ_UART0               28   / *  UART0 transmit interrupt  * /
# define IRQ_SPI1                29   / *  UART1 transmit interrupt  * /
# define IRQ_RTC                 30   / *  RTC alarm interrupt  * /
# define IRQ_ADCTC               31   / *  ADC EOC interrupt  * /
# define NORMAL_IRQ_OFFSET       32


/ *  External Interrupt  * /
# define IRQ_EINT4               (0 + NORMAL_IRQ_OFFSET)
# define IRQ_EINT5               (1 + NORMAL_IRQ_OFFSET)
# define IRQ_EINT6               (2 + NORMAL_IRQ_OFFSET)
# define IRQ_EINT7               (3 + NORMAL_IRQ_OFFSET)
# define IRQ_EINT8               (4 + NORMAL_IRQ_OFFSET)
# define IRQ_EINT9               (5 + NORMAL_IRQ_OFFSET)
# define IRQ_EINT10              (6 + NORMAL_IRQ_OFFSET)
# define IRQ_EINT11              (7 + NORMAL_IRQ_OFFSET)
# define IRQ_EINT12              (8 + NORMAL_IRQ_OFFSET)
# define IRQ_EINT13              (9 + NORMAL_IRQ_OFFSET)
# define IRQ_EINT14              (10 + NORMAL_IRQ_OFFSET)
# define IRQ_EINT15              (11 + NORMAL_IRQ_OFFSET)
# define IRQ_EINT16              (12 + NORMAL_IRQ_OFFSET)
# define IRQ_EINT17              (13 + NORMAL_IRQ_OFFSET)
# define IRQ_EINT18              (14 + NORMAL_IRQ_OFFSET)
# define IRQ_EINT19              (15 + NORMAL_IRQ_OFFSET)
# define IRQ_EINT20              (16 + NORMAL_IRQ_OFFSET)
# define IRQ_EINT21              (17 + NORMAL_IRQ_OFFSET)
# define IRQ_EINT22              (18 + NORMAL_IRQ_OFFSET)
# define IRQ_EINT23              (19 + NORMAL_IRQ_OFFSET)/ * 51 * /
# define SHIFT_EINT4_7           IRQ_EINT4_7
# define SHIFT_EINT8_23          IRQ_EINT8_23
```

```
# define EXT_IRQ_OFFSET              (20 +NORMAL_IRQ_OFFSET)

/ *  sub Interrupt  * /
# define IRQ_RXD0                    (0 +EXT_IRQ_OFFSET)
# define IRQ_TXD0                    (1 +EXT_IRQ_OFFSET)
# define IRQ_ERR0                    (2 +EXT_IRQ_OFFSET)
# define IRQ_RXD1                    (3 +EXT_IRQ_OFFSET)
# define IRQ_TXD1                    (4 +EXT_IRQ_OFFSET)
# define IRQ_ERR1                    (5 +EXT_IRQ_OFFSET)
# define IRQ_RXD2                    (6 +EXT_IRQ_OFFSET)
# define IRQ_TXD2                    (7 +EXT_IRQ_OFFSET)
# define IRQ_ERR2                    (8 +EXT_IRQ_OFFSET)
# define IRQ_TC                      (9 +EXT_IRQ_OFFSET)
# define IRQ_ADC_DONE                (10 +EXT_IRQ_OFFSET)/ *  62  * /
# define SUB_IRQ_OFFSET             (11 +EXT_IRQ_OFFSET)

# define IRQ_UNKNOWN                 SUB_IRQ_OFFSET
# define NR_IRQS                     SUB_IRQ_OFFSET   // Maximum  #  of interrupt   handlers

# define BIT_ALLMSK                  0xffffffff
# define BIT_SUB_ALLMSK              0x7ff


typedef void ( * Interrupt_func_t)(int, void * );

void ISR_Init(void);
int SetISR_Interrupt(int vector, void ( * handler)(int, void * ), void * data);
void ISR_IrqHandler(void);
int set_external_irq(int irq, int edge, int pullup);

void Enable_Irq(int vector);
void Disable_Irq(int vector);
void INTS_OFF(void);
void INTS_ON(void);

# endif   // # ifndef __ISR_H__
```

A.6　源程序文件 UHAL.c 中的代码

```
/ ************************************************************** \
说明: 定义了一些异常处理函数,在启动引导程序中需要调用
\ ************************************************************** /
```

```c
# include <stdarg.h>
# include <string.h>
# include <stdlib.h>
# include <stdio.h>
# include <ctype.h>

# include "../inc/lib.h"
# include "../inc/macro.h"
# include "../inc/reg2410.h"
# include "inc/uhal.h"
# include "inc/isr.h"
# include "inc/mmu.h"

void uHALr_InterruptRequestInit()
{
    # if 0
        pISR_UNDEF= (unsigned) DebugUNDEF;
        pISR_SWI= (unsigned) DebugSWI;
        pISR_PABORT= (unsigned) DebugABORT;
        pISR_DABORT= (unsigned) DebugABORT;
        pISR_IRQ= (unsigned) IRQ_Handler;   //irq interrupt
        pISR_FIQ= (unsigned) DebugFIQ;

        pISR_ADC= (unsigned) BreakPoint;
        pISR_RTC= (unsigned) BreakPoint;
        pISR_UTXD1= (unsigned) BreakPoint;
        pISR_UTXD0= (unsigned) BreakPoint;
        pISR_SIO= (unsigned) BreakPoint;
        pISR_IIC= (unsigned) BreakPoint;
        pISR_URXD1= (unsigned) BreakPoint;
        pISR_URXD0= (unsigned) BreakPoint;
        pISR_WDT= (unsigned) BreakPoint;
        pISR_TIMER3= (unsigned) BreakPoint;
        pISR_TIMER2= (unsigned) BreakPoint;
        pISR_TIMER1= (unsigned) BreakPoint;
        pISR_BDMA1= (unsigned) BreakPoint;
        pISR_BDMA0= (unsigned) BreakPoint;
        pISR_ZDMA1= (unsigned) BreakPoint;
        pISR_ZDMA0= (unsigned) BreakPoint;
        pISR_EINT3= (unsigned) BreakPoint;
        pISR_EINT2= (unsigned) BreakPoint;
        pISR_EINT1= (unsigned) BreakPoint;
        pISR_EINT0= (unsigned) BreakPoint;
    # endif
```

```
}
static int I_COUNT=0;
//未定义异常的处理函数,具体内容需根据应用要求来编写
void Enter_UNDEF(void)
{
    printf("!!!Enter UNDEFINED. %d\r\n", I_COUNT++);
    for(;;);
}//BreakPoint
//软中断异常的处理函数,具体内容需根据应用要求来编写
void Enter_SWI(void)
{
    printf("!!!Enter SWI. %d\r\n", I_COUNT++);
    for(;;);
}
//程序中止异常的处理函数,具体内容需根据应用要求来编写
void Enter_PABORT(void)
{
    printf("!!!Enter Prefetch ABORT %d\r\n", I_COUNT++);
    for(;;);
}
//数据中止异常的处理函数,具体内容需根据应用要求来编写
void Enter_DABORT(void)
{
    printf("!!!Enter Data ABORT %d\r\n", I_COUNT++);
    for(;;);
}
//FIQ异常的处理函数,具体内容需根据应用要求来编写
void Enter_FIQ(void)
{
    printf("!!!Enter FIQ. %d\r\n", I_COUNT++);
    for(;;);
}
```

A.7 源程序文件 Isr_a. s 中的代码

```
;********************************************************
;汇编语言编写的CPSR寄存器初始化
;********************************************************
        AREAINTFUN, CODE, READONLY

        EXPORT    INTS_OFF
```

```
        EXPORT    INTS_ON

INTS_OFF
        mrs    r0, cpsr           ; current CSR
        mov    r1, r0             ; make a copy for masking
        orr    r1, r1, #0xC0      ; mask off int bits
        msr    CPSR_cxsf, r1      ; disable ints (IRQ and FIQ)
        and    r0, r0, #0x80      ; return FIQ bit from original CSR
        mov    pc, lr             ; return


INTS_ON
        mrs    r0, cpsr           ; current CSR
        bic    r0, r0, #0xC0      ; mask on ints
        msr    CPSR_cxsf, r0      ; enable ints (IRQ and FIQ)
        mov    pc, lr             ; return

        END
```

A.8　源程序文件 stack.s 中的代码

```
;;;;;;;;;;;;;;;;;;;;;;;;;;;;;;;;;;;;;;;;;;;;;;;;;;;;;;;;;;;;;;;;;;;;;;;;;
;;; 定义相关工作模式下的堆栈区
;;;;;;;;;;;;;;;;;;;;;;;;;;;;;;;;;;;;;;;;;;;;;;;;;;;;;;;;;;;;;;;;;;;;;;;;;

        AREA    Stacks, DATA, NOINIT

        EXPORT UserStack
        EXPORT SVCStack
        EXPORT UndefStack
        EXPORT IRQStack
        EXPORT AbortStack
        EXPORT FIQStack

        SPACE            4096
UserStack   SPACE        4096
SVCStack    SPACE        4096
UndefStack SPACE         4096
AbortStack SPACE         4096
IRQStack    SPACE        4096
FIQStack    SPACE        4

        END
```

A.9 源程序文件 exception.s 中的代码

```
;;;;;;;;;;;;;;;;;;;;;;;;;;;;;;;;;;;;;;;;;;;;;;;;;;;;;;;;;;;;;;;;;;;;;;;;;;;;;;;;;;
;定义几个异常的入口
;;; Start here
;;;;;;;;;;;;;;;;;;;;;;;;;;;;;;;;;;;;;;;;;;;;;;;;;;;;;;;;;;;;;;;;;;;;

        AREA    exception,CODE,READONLY
        IMPORT  __use_no_semihosting_swi
        ENTRY

        IMPORT  ColdReset
        IMPORT  Enter_UNDEF
        IMPORT  Enter_SWI
        IMPORT  Enter_PABORT
        IMPORT  Enter_DABORT
        IMPORT  IRQ_Handler
        IMPORT  Enter_FIQ

        ldr  pc, =ColdReset         ;reset
        ldr  pc, =Enter_UNDEF       ;UndefinedInstruction
        ldr  pc, =Enter_SWI         ;syscall_handler or SWI
        ldr  pc, =Enter_PABORT      ;PrefetchAbort
        ldr  pc, =Enter_DABORT      ;DataAbort
        b    .                      ;ReservedHandler
        ldr  pc, =IRQ_Handler       ;IRQHandler
        ldr  pc, =Enter_FIQ         ;FIQHandler

        LTORG                       ;for save exception address

        END
```

A.10 源程序文件 pagetable.s 中的代码

```
;;;;;;;;;;;;;;;;;;;;;;;;;;;;;;;;;;;;;;;;;;;;;;;;;;;;;;;;;;;;;;;;;;;;;;;;;
;;; Startup Code for
;;;          HMS7202 : pagetable.s
;;;;;;;;;;;;;;;;;;;;;;;;;;;;;;;;;;;;;;;;;;;;;;;;;;;;;;;;;;;;;;;;;;;;;;;;;
```

```
        AREA   PageTable, DATA, NOINIT

        EXPORT L0PageTable

L0PageTable   SPACE   4096 * 4        ; page size=(4G/1M) * 4 byte

        END
```

A.11　源程序文件 retarget. c 中的代码

```
/ ** This implements a 'retarget' layer for low-level IO.   Typically, this
** would contain your own target-dependent implementations of fputc(),
** ferror(), etc.
**
** This example provides implementations of fputc(), ferror(),
** _sys_exit(), _ttywrch() and __ user_initial_stackheap().
**
** Here, semihosting SWIs are used to display text onto the console
** of the host debugger.   This mechanism is portable across ARMulator,
** Angel, Multi-ICE and EmbeddedICE.
**
** Alternatively, to output characters from the serial port of an
** ARM Integrator Board (see serial.c), use:
**
**        # define USE_SERIAL_PORT
**
** or compile with
**
**        -DUSE_SERIAL_PORT
*/

# include <stdio. h>
# include <string. h>
# include <rt_misc. h>
# include <time. h>

# undef DEBUG
# ifdef DEBUG
# define DPRINTF   printf
# else
# define DPRINTF(...)
# endif
```

```
struct __ FILE { int handle;           /* Add whatever you need here */};
FILE __ stdin, __ stdout, __ stderr;
extern unsigned int bottom_of_heap; /* defined in heap.s */

int fputc(int ch, FILE * f)
{
    /* Place your implementation of fputc here     */
    /* e.g. write a character to a UART, or to the */
    /* debugger console with SWI WriteC            */
    return(0);
}


int ferror(FILE * f)
{                              /* Your implementation of ferror */
    return EOF;
}


void _sys_exit(int return_code)
{
    for(;;);
}


int __ raise(int signal, int argument)   //void _ttywrch(int ch)
{
    return 0;
}


__ value_in_regs struct __ initial_stackheap __ user_initial_stackheap(
        unsigned R0, unsigned SP, unsigned R2, unsigned SL)
{
    struct __ initial_stackheap config;

    config.heap_base = (unsigned int)&bottom_of_heap; // defined in heap.s
                             // placed by scatterfile
    config.stack_base = SP;        // inherit SP from the execution environment

    return config;
}
```

A.12　配置文件 scat_ram.scf 中的代码

```
;************************************************************************
;下面代码定义了1个加载域(LOAD)和6个运行域 (ROM_EXEC, RAM_EXEC, RAM, HEAP,
```

```
;STACKS, EXCEPTION_EXEC).
; The program include two part.
;    The first one is loader which is placed at ROM_EXEC.
;    the loader include __ main.o, Region $ $ Table and ZISection $ $ Table.(reference
;    What code/data must be placed in a root region of a scatter file? in www.arm.com)
;    Program execution starts at AREA Init in startup.s, which is placed '+First' in
;    the image.
;    The Other program (code & data) is placed in RAM_EXEC which locat in system ram base
at 0x40200000,
;    of length 2Mbytes.
; RAM might be fast on-chip (internal) RAM, and is typically
; used for the stack and code that must be executed quickly.
; The ZI data will get created (initialized) in RAM, above the RW data.
; The region HEAP is used to locate the bottom of the heap immediately above
; the ZI data ("+0"). The heap will grow up from this address.
; The region STACKS is used to locate the top of the memory used to store
; the stacks for each mode. The stacks will grow down from this address.
; The region EXCEPTION_EXEC is used to place the position of the exception table.
; It must use OVERLAY key word for place it outside of RAM_EXEC without any error.
; The exception table is copy into 0x40000000 by bootloader.
; Regions marked UNINIT will be left uninitialized, i.e. they will not be
; zero-initialized by the C library when it starts-up.
LOAD 0x30008000                    ;load region
{
    RAM_EXEC +0                    ;PC
    {
        startup.o (init, +FIRST)
        * (+RO)
    }


    L0PAGETABLE 0x30200000 UNINIT  ;about 2MByte offset SDRAM
    {
        pagetable.o (+ZI)
    }


    STACKS +0x100000 UNINIT    ;64KByte under L0 pagetable
    {
        stack.o (+ZI)
    }


    RAM +0
    {
        * (+RW, +ZI)
    }
```

```
HEAP +0 UNINIT
{
    heap.o (+ZI)
}

EXCEPTION_EXEC 0 OVERLAY  ;exception region
{
    exception.o (+RO)
}

}
```

参 考 文 献

1. 符意德,徐江. 嵌入式系统原理及接口技术(第 2 版). 北京：清华大学出版社,2013.
2. SAMSUNG 公司. S3C2440A 32-位 RISC 微处理器用户手册. Samsung Electronics Co. ,Ltd.
3. ARM 公司. ARM920T 数据手册.

教　学　资　源　支　持

敬爱的教师：

　　感谢您一直以来对清华版计算机教材的支持和爱护。为了配合本课程的教学需要，本教材配有配套的电子教案（素材），有需求的教师请到清华大学出版社主页（http://www.tup.com.cn）上查询和下载，也可以拨打电话或发送电子邮件咨询。

　　如果您在使用本教材的过程中遇到了什么问题，或者有相关教材出版计划，也请您发邮件告诉我们，以便我们更好地为您服务。

我们的联系方式：

地　　　址：北京海淀区双清路学研大厦 A 座 707

邮　　　编：100084

电　　　话：010－62770175－4604

课件下载：http://www.tup.com.cn

电子邮件：weijj@tup.tsinghua.edu.cn

作者交流论坛：http://itbook.kuaizhan.com/

教师交流 QQ 群：136490705　　　微信号：itbook8　　QQ：883604

（申请加入时，请写明您的学校名称和姓名）

用微信扫一扫右边的二维码，即可关注计算机教材公众号。